U0312527

华夏英才基金学术文库

枣　　疯　　病

Jujube Witches' Broom Disease

刘孟军　赵　锦　周俊义　著

中国农业出版社

China Agriculture Press

序

  枣树原产我国，是我国重要的特色优势果树和第一大干果树种，现有栽培面积 150 万 hm^2，年产量 300 多万 t，约占世界的 99%。枣树适应性强、分布广泛，在山、沙、碱旱地区农民增收、生态建设和出口创汇中占有重要地位。枣疯病是国内外枣区发生最普遍、危害最严重的传染性检疫病害，每年导致大量枣树死亡，使枣产业生存和发展受到严峻威胁。枣疯病为高致死性植原体病害，其防治是公认的世界性难题。河北农业大学中国枣研究中心刘孟军教授领导的课题组，历经 10 余年科技攻关，完成了 10 多项国家和省部级相关科研课题，在枣疯病研究方法与理论创新的同时，实现了防治技术和防治效果的重大突破，先后于 2004 年和 2006 年获得河北省科技进步一等奖和国家科技进步二等奖。

  《枣疯病》一书是作者以自己 10 多年的研究成果积累为主体，参考国内外有关资料编写而成。该书系统阐述了枣疯病的发生发展和研究史、病原及其理化特性和检测方法、主要症状及其演变规律和分级标准、病害流行学、病原的分布与周年消长规律、病害生理、枣疯植原体在寄主体内可持续组织培养体系、抗枣疯病种质及其抗病机理、病树的治疗与康复技术以及枣疯病综合治理的战略对策和技术途径等，并提出了今后枣疯病研究的方向和重点。该书通过对已有研究成果的认真梳理、深入分析和融会贯通，使原本零散的知识形成了比较完整的理论和技术体系，是对枣疯病研究的一大贡献。华夏英才基金立项资助该书的出版，不仅是支持，也是一种肯定。

《枣疯病》一书全面系统地展示了有关枣疯病的基本知识、基础理论、研究方法和实用技术，填补了国内外枣疯病研究专著的空白。该书内容丰富、数据翔实、结构严谨、图文并貌，目录、摘要和图表采用中英文对照，是一部学术性和实用性都很强并与国际接轨的高水平枣疯病研究专著，对今后进一步开展枣疯病研究、防治及相关的国内外学术交流等均有重要指导价值。

中国工程院　院士
中国农业科学院植物保护研究所　研究员　郭予元

2009 年 7 月

前　言

枣树（*Ziziphus jujuba* Mill.）原产黄河中下游地区，是原产我国最古老、最具代表性的特色优势果树之一。2006 年，全国枣树栽培面积 150 万 hm² 左右，枣果总产量 305 万 t，面积和产量均居干果第一位，在所有栽培果树中枣树的面积居第三位、产量居第七位。目前世界枣果总产量的 99% 和国际枣产品贸易中的近 100% 均来自我国，枣产品在国内外市场中均颇具竞争优势。枣产业已成为我国许多山、沙、碱、旱地区的重要支柱性农业产业和 2 000 多万农民的主要经济来源。

枣疯病（Jujube witches' broom disease）是由植原体（Phytoplasma）引起的一种致死性传染病害，几乎分布于国内外所有枣区，且绝大多数枣树品种对其敏感。近年来，不少枣区的枣疯病年发病致死株率已高达 3%～5%，许多枣园甚至枣区因枣疯病而濒临毁灭。枣疯病已成为制约整个枣产业可持续发展的严重障碍之一。科学预防和有效控制枣疯病，已成为当前枣树生产上迫切需要解决的重大问题。

笔者自 1997 年起，组织多学科专家集中精力开展了枣疯病相关基础理论、方法和防治技术的系统研究，先后得到国家自然科学基金、科技部、教育部、河北省等 10 多次立项支持，取得的科技成果"抗枣疯病种质筛选利用与枣疯病治疗康复技术体系"2004 年获河北省科技进步一等奖、"枣疯病控制理论与技术"2006 年获国家科技进步二等奖。

　　本书以笔者自主研发取得的科技成果为主体，同时吸收和借鉴了近60年来国内外专家学者的相关研究成果，力求客观准确地反映枣疯病研究的全貌和最新进展。全书共分为十章，依次为绪论、枣疯病的发展和研究史、枣疯病的主要症状与病情分级、枣疯病的流行学、枣疯病的病原及其检测方法、枣疯植原体的活体培养及其应用、枣疯植原体在树体内的分布和运转规律、枣疯病的病害生理、抗枣疯病种质及其抗病机制、枣疯病的治疗与康复。

　　本书在编写过程中力求内容全面系统、文字简明扼要、数据翔实可靠、分析深入准确、技术先进可行，力求系统性与完整性、历史性与前瞻性、学术性与实用性高度统一。为方便读者理解、查阅和国际交流，本书提供了相关图、表109个，其中表格32个、图77幅，彩色照片67幅，并且目录、摘要和图、表采用了中、英文对照。本书旨在为枣疯病的进一步研究和高效治理提供有益指导，同时为国内外从事果树、植物保护，特别是植原体病害研究的专家学者提供借鉴和参考。但限于时间和水平，不妥之处在所难免，敬请同行和读者批评指正。

编　者

2009 年 3 月

摘　　要

枣树（*Ziziphus jujuba* Mill.）是原产我国的特色优势果树和第一大干果树种，我国枣树栽培面积（150 万 hm²）和产量（305 万 t）占世界总量的 99％左右，国际贸易中近 100％的枣产品均来自我国。枣产品是在国内外市场颇具竞争优势的农产品。枣产业是我国山、沙、碱、旱地区的重要支柱性农业产业。

枣疯病（Jujube witches' broom disease，JWB）是一种由植原体（Phytoplasma）引起的高致死性传染病害，几乎分布于国内外所有的枣树分布区，且绝大多数枣树品种对其敏感。枣树一旦感染枣疯病，通常幼树 1～2 年、成龄树 3～5 年即逐渐枯死。一些枣产区的年发病株率达到 5％～10％，许多重病枣园的累积发病株率高达 60％～80％而濒于毁灭。枣疯病已成为制约整个枣产业可持续发展的严重障碍之一。科学预防和有效控制枣疯病，是当前枣树生产上迫切需要解决的重大问题。

国内外有关枣疯病研究的正式报道始见于 20 世纪50～60 年代，当时主要研究了枣疯病的发病过程和传播途径；70 年代重点研究确认了枣疯病的病原；80 年代是枣疯病研究的高峰期，病原检测、传病昆虫及防治技术研究全面展开；90 年代由于防治技术一直没有突破而使枣疯病研究一度陷入低潮；进入 21 世纪后枣疯病的防治研究实现突破，并开展了致病机理、病害生理及分子生物学等方面的深入研究。

枣疯病的症状在不同器官上均有所表现，通常有叶片黄化、小枝丛生、花器返祖（花变叶等）、根的畸变及果实畸形等，其中最典型、最容易识别的症状是枝叶丛生，俗称"扫帚状"。枣疯病在枝条上的症状演变基本上有两种形式：一种是渐进式，即花梗延长→花变叶→叶片变小→节间缩短、腋芽大量萌发、形成丛枝→极度短缩丛枝；另外一种形式是爆发式，即一开始表现为短缩丛枝等重疯症状。为便于评价发病程度，在病原、病枝、病株、病园和病区 5 个水平上，提出了枣疯病的病情分级标准。

枣疯病可以通过叶蝉类昆虫、嫁接、根蘖苗及菟丝子等途径进行传播。主要的媒介昆虫是凹缘菱纹叶蝉、橙带拟菱纹叶蝉和红闪小叶蝉。枣疯病的发生与枣树立地条件、间作物种类及管理水平等关系密切。土壤瘠薄、管理粗放、树势衰弱的低山丘陵枣园，发病较重；土壤酸性、石灰质含量低的枣园发病重；阳坡比阴坡发病重；周围有松、柏和泡桐树的枣园发病重；盐碱地枣园及管理水平高的平原沙地枣园发病轻。

枣疯病的病原为植原体。枣疯植原体具有高致死性，能降低微环境 pH、喜温（27～30℃以上）、对糖浓度适应性较广（1%～7%）、比较适合在 pH 5.8～8.2 之间生长。在病原的各种检测方法中，组织化学方法不仅简便、快捷，而且灵敏度高、成本低，适合于进行大样本的快速检测；电镜、血清学、核酸杂交和 PCR 技术等都相对繁琐和昂贵一些，可用于精确检测。实际应用中，可主要采用 DAPI 荧光显微技术进行植原体病原的组织化学检测，在有特殊需要的情况下采用 PCR 技术进行精确检测。

枣疯植原体至今还不能在人工培养基上培养生长。但笔者已成功实现其在枣组培苗中的长期保存和增殖。方法是在生长季以感染枣疯病的茎尖或茎段、冬季以感染枣疯病枝条的水培芽为外植体，用 0.12% $HgCl_2$ 进行消毒，在不附加任何激素的 MS 培养基上进行启动培养，在 MS＋6 - BA 1.0mg/L＋IBA 2.0 mg/L＋NAA 0.1～0.3mg/L 培养基中进行增殖培养，在 MS＋IBA 0.5mg/L 或 MS＋NAA 0.3mg/L 培养基中进行生根培养。在此体系中，枣疯病病苗已经培养 7 年以上，一直保持枣疯病典型症状，利用 DAPI 和 PCR 方法均可以检测到大量病原。通过在培养基中添加 25～50μg/mL 盐酸—四环素和盐酸—土霉素可以杀死病苗中的植原体。利用枣疯病带病组织培养体系，可以进行枣疯病治疗药物和抗病种质资源的集约化筛选等一系列应用研究和相关基础研究。

枣疯植原体在树体内的分布具有普遍性、地上地下对应性、不均匀性等特点。在疯根中，5月中旬病原浓度最高，6、7、8月浓度有所下降，但仍处于较高水平，12月底至翌年3月病原浓度最低；在疯枝中，春季4、5月随温度回升和萌芽生长，病原数量逐渐增加，夏季7、8月（发病高峰期）病原浓度达到最高，随秋季来临有所下降，但仍保持较高水平，冬季的12月和翌年1、2月降到最低，但仍可检测到大量病原。和病根相比，病枝中的病原浓度一直处于较高水平。枣疯植原体能在地上部越冬。枣树感染枣疯病初期，病原只存在于感染点附近。枣疯植原体不必先运行到根部就能导致树体发病，根与枣疯植原体的繁殖及枣疯病症状表现没有必然联系。

枣树在感染枣疯病后生理方面发生了显著变化。激素方面，在根部，7、8月份病株中的Zeatin含量明显高于健株；在叶部，生长后期（7月份以后）病株中Zeatin含量显著高于健株；患病程度越重，叶片中Zeatin/IAA（C/A）比值越高。矿质元素方面，病叶中钾元素显著高于健叶；病叶中钙、镁、锰3种元素处于严重缺乏状态；在生长后期病叶中的铁元素显著低于健叶；枣疯病对叶片中铜、锌两种元素的影响不大。此外，枣疯植原体侵染枣树后导致了过氧化物酶（POD）和多酚氧化酶（PPO）同工酶活性增强及酚类物质和氨基酸的显著变化，并使树体体液酸化、pH降低。

在枣疯病的抗性鉴定中，采用在重疯树上高接被鉴定种质的新方法较在被鉴定种质上嫁接病皮的传统方法筛选强度大，可以高效地筛选出对枣疯病高抗及免疫的种质材料。笔者经过多年的田间试验和对比观察，筛选出了4份高抗枣疯病的种质（骏枣、秤砣枣、清徐圆枣和南京木枣的4个单系），其中骏枣单系经过严格的初选、复选、决选和区域性对比试验，已审定为新品种，定名为星光。星光对枣疯病有极强的抗性，适宜制干和制作醉枣等，品质综合评价优。星光对枣疯病有一个逐渐适应的过程，属于诱导性抗病。通过对基因组及蛋白组水平的分析，初步发现星光在嫁接侵染后有抗病相关基因与蛋白的出现和表达。

对枣疯病的治疗与康复可从多方面入手。其中利用抗病品种建园可避免枣疯病危害，而利用抗病品种星光高接换头改造病树可达到治疗与品种更新的双重目的。药物治疗的主要对象应该是已进入结果期、病情小于Ⅳ级的成龄病树，利用笔者已获得国家发明专利的兼具治疗与康复作用的复配药物"祛疯1号"，在枣树萌芽、展叶期进行树干滴注治疗，有效率可达95％以上，当年治愈率达80％～85％。手术治疗，特别是及时采取"疯小枝、去大枝"的手术方法，可以有效控制Ⅰ、Ⅱ级轻病树的病情发展，如果去得及时而彻底甚至可以痊愈，去疯枝还可作为药物输液治疗的辅助措施。此外，对于病情严重的衰老树、感染枣疯病未进入结果期的幼树和根蘖，建议彻底刨除，以在最短时间内最大程度地减少病原。

枣疯病的治理应本着预防为主、综合治理的原则，从园地选择、苗木和接穗检验检疫、抗病品种应用、病树治疗及康复、防治传毒昆虫等多方面协调行动来解决问题。在多年的枣疯病治理实践的基础上，笔者提出了以"择地筛苗选品种（新建园），去幼清衰治成龄（发病园），疗轻改重刨极重（发病树），综合治理贯始终（枣产区）"为主要内容，因树、因园、因地制宜的枣疯病分类综合治理战略。

ABSTRACT

Chinese jujube (*Ziziphus jujuba* Mill.), a native fruit tree of China, ranks the first place among the dry fruits in terms of production. In 2006, the growing area and annual production of Chinese jujube in China reached 150 million hm^2 and 305 million tons respectively, both accounting for 99% of those in the world. Moreover, nearly 100% of the Chinese jujube products in international trading market are from China. Chinese jujube products are quite competitive in both domestic and international markets. Chinese jujube industry is very important in the mountainous, sandy, alkali and dry regions of China.

Jujube witches' broom disease (JWB) caused by phytoplasma (formerly called mycoplasma like organism or MLO) is a destructive disease of Chinese jujube. Most of Chinese jujube cultivars are sensitive to JWB. The young trees infected with JWB are usually died 1~2 years after and the adult trees usually died 3~5 years after. In many Chinese jujube growing areas, around 5%~10% of trees are infected by JWB each year and the accumulated rates of diseased tree are even up to 60%~80%. JWB has become one of the most serious obstacles to the sustainable development of Chinese jujube industry. Scientific prevention and effective control of JWB is an exigent task for Chinese jujube production.

JWB was firstly reported in 1950s. From 1950s to 1960s, the studies were concentrated on the pathogenesis and transmission routes of JWB. In 1970s, the pathogen of JWB was confirmed as phytoplasma. The research of JWB was most active in 1980s including development of new methods of pathogen identification, the vector insects and their control, as well as techniques controlling JWB. In 1990s, the research of JWB was dropped to a low tide period because of the hopeless endeavor to get an effective prevention method. After entering the 21st century, the curing research of JWB made a breakthrough, the pathogenic mechanism and molecular biology of the disease were also carried out deeply.

JWB phytoplasma could transmit to the whole body of a tree and the symptoms could also behave in different organs. Its typical symptoms include yellow leaves, elongated peduncle, phyllody and witches' broom or condensed branch with tiny leaves. Among them, witches' broom is the typical one. The development of JWB symptom has two styles. One is progressive or step by step, i.e. elongated peduncle-phyllody-tiny leaves-witches' broom or condensed branch-extremely condensed branch. Another style is explosive, i.e. almost behaving condensed branch directly. Based on the systematical detection and investigation for many years, a grading system of JWB for different levels, i.e. tissue, branch, tree, orchard and growing region, was established, which provided a useful reference for studying and evaluating the curing effects of JWB.

JWB could be transmitted by Cicadellidae insects, grafting, root tillering and autoecious plant like *Cuscuta chinensis* Lam. *Hishimonus sellatus* Uhler., *Hishimonoides aurifaciales* Kuoh. and *Typlilocyba* sp. are the main media insects of JWB. Those factors of natural condition, intercroping type and orchard management level are closely related to the occurrence of JWB. JWB is usually less serious in the orchards with alkali soil, shady slope and proper management, and more serious in those with acid soil, sunny slope, bad management, especially in those nearing pine, cypress and paulownia trees.

JWB phytoplasma has wide adaptability to sugar concentrations ($1\% \sim 7\%$). It could reduce the pH value of its micro-environment and is suitable to pH 5.8~8.2. Thermophily ($>27\sim30℃$) is also a quality of JWB phytoplasma. Among the detection methods, the histochemical method has many advantages, such as simple, good sensitivity, low cost and rapid. Electron microscopy, serology, nucleic acid hybridization and polymerase chain reaction (PCR) techniques have much more complex process and expensive, and should be used for accurate detection. In practical applications, routine or large-scale detection of JWB phytoplasma could be studied under fluorescence microscope using 4, 6-diamidino-2-phenylindole (DAPI), and PCR (Polymerase chain reaction) technology could be used for accurate detection when necessary.

Up to now, JWB phytoplasma could not be cultured on artificial medium. However, a sustainable preservation and multiplication system for JWB phytoplasma via tissue culture of host plant has been successfully established by the authors. The optimum media for initial, proliferating, and rooting culture of explants with JWB (stem tip, stem segment and bud) was MS with no hormone, MS +6-BA 1.0 mg/L+IBA 2.0mg/L+NAA 0.1~0.3 mg/L or MS without hormone (alternately used), and MS + IBA 0.5mg/L or MS+ NAA 0.3mg/L, respectively. Under this system, the plantlets with JWB have been cultured for more than seven years with typical JWB symptom and abundant phytoplasma confirmed by both (DAPI) fluorescence observation and PCR analysis using specific 16Sr DNA primers. Phytoplasma in the cultured plantlets could be eliminated by adding 25~50μg/mL oxytetracycline (Ox) and tetracycline (Tc) into culture medium for a period of 40 days. Thus, the tissue culture system provides a convenient and reliable platform for the basic and applied research on JWB phytoplasma.

The distribution and year-round concentration variation of JWB phytoplasma were studied under fluorescence microscope using DAPI. JWB phytoplasma might exist in the sieve tubes of all organs. The concentration of phytoplasma varied with organs, sides of organs and growing seasons. Phytoplasma usually existed in the trunk and roots of the same direction with diseased branches. The uneven distribution could be observed more often in lightly diseased trees than in seriously diseased one. In roots, the content of phytoplasma was highest in May, relatively low in June, July and August, and lowest in December to March. In branches, the content of phytoplasma increased gradually with the rising of the temperature after bud sprouting in April and May, then increased dramatically and reached peak in July and August, thereafter decreased. From December to February, there was still a large amount of phytoplasma in the diseased branches. The content of phytoplasma in branches kept higher than in roots throughout a year. JWB phytoplasma could well survive in branches throughout the winter. Roots were not necessary for the multiplication of phytoplasma and the development of phytoplasma symptom.

Physiological influences of phytoplasma on Chinese jujube were significant. In roots, there were no difference in the contents of IAA, GA$_3$ and ABA among healthy, diseased and cured trees, but obvious difference in the content of Zeatin between diseased (high) tree and healthy one in July and August. In leaves, there were also no difference in the contents of IAA, GA$_3$ and ABA among healthy, cured and diseased jujube, but the content of Zeatin of diseased tree increased continuously and was higher obviously than that of healthy one in the later stage. Comparison among trees with different disease extent showed that the heavier the disease, the higher the Zeatin/IAA (C/A). The contents of mineral elements showed significant differences between the healthy and diseased trees. The K contents in diseased leaves were significantly higher than those in healthy ones, while the contents of Ca, Mg and Mn in the diseased leaves were significantly lower than those in the healthy leaves. The Fe contents in the diseased leaves were lower in the late growing season. There were no significant differences between the healthy and diseased leaves in the contents of Cu and Zn. In addition, the activity of Pcroxidase (POD) and polyphenol oxidase (PPO) in diseased trees were higher than those in thc healthy ones. The contents of phenolic substances and amino acids changed significantly, and pH values of diseased trees became acidic.

The method of grafting healthy germplasm onto seriously diseased trees was affirmed much more effective for selecting highly-resistant germplasm than the traditional method of grafting diseased bark onto healthy germplasm to be checked, and then was employed for screening highly-resistant germplasm. After 8-year selection and validation, four strains with high resistance to JWB were selected out from cultivar 'Junzao', 'Nanjingmuzao', 'Chengtuozao' and 'Qingxuyuanzao'. The 'Junzao' strain was affirmed to have the highest resistance to JWB and were used to reconstruct the crown of diseased trees, and the reconstructed trees had been fruiting normally for 7 years. In 2005, the 'Junzao' strain with high resistance to JWB was formally registered as a new cultivar and named as 'Xingguang'. Its fruit is big and suitable for making dry fruit. It not only could be cultivated directly as a high-resistant cultivar but also used to reconstruct the crown of diseased trees by grafting. It should have induced resistance as it has a gradual adaptation process to JWB. Through the analysis at both genome and protein level, the existence and expression of resistant genes and proteins to JWB were confirmed preliminarily.

Several measures could be employed to prevent or cure JWB. Orchard established with cultivar of high-resistancce to JWB such as 'Xingguang' could be free from JWB. Reconstructing the crown of diseased trees by grafting 'Xingguang' could not only prevent JWB but also replace the cultivar. A very effective drug combination named 'Qufeng No. 1' was screened out through both indoor and field experiments. The cure rate and effective rate of once trunk injection before blooming reached 85% and 100%, respectively. It is suggested that trunk injection of 'Qufeng No. 1' are used mainly to cure fruiting trees with disease level of I ~ IV grade when taking economical profit into account. Wiping off all the diseased branches in time could not only reduce the amount of pathogen but also cure the diseased trees in case they are newly infected and the phytoplasma pathogen is still concentrated in the branches with symptoms. It is suggested that all the discased trees with no economical yield such as very young, very old and those adult trees showing V grade symptom should be removed thoroughly in order to reduce the pathogen to the greatest extent within the shortest time.

The control of JWB should follow the principle of integrated management and give priority to prevention. All possible solutions, such as selecting proper location for orchard establishment, quarantine of seedlings and cions, application of resistant cultivars, preventing vector insects, drug treatment and so on, should be taken into consideration. An integrated management strategy was put forward in accordance with the extent of disease. The strategy includes: selecting field, seedlings and cultivars (for establishing orchard); removing very young and very old diseased tress and just curing fruiting ones (for existing orchard); curing light-diseased trees, reconstructing the medium-diseased ones and removing the heaviest ones (for diseased tree); persisting comprehensive treatment thoroughly (for jujube growing region) .

本书研究成果获项目资助情况
Research Programs Related to the Book

国家自然科学基金项目"抗枣疯病种质资源研究"（39670520）

国家自然科学基金项目"枣疯病病原在树体内的周年消长规律"（39970523）

国家科技支撑计划"枣新品种选育研究"（2008BAD92B03-11）

国家科技支撑计划"环塔里木盆地特色林果产业发展关键技术研发与示范"子课题"枣品种优选及高效栽培技术研发与示范"（2007BAD36B07）

国家科技攻关项目："枣树优良新品种选育与发展战略研究"（2001BA502B09-04）

国家科技部中韩科技合作项目"枣疯病防治研究"（CK-99-06）

国家重点推广计划项目"重大毁灭性植物病害——枣疯病的快速康复技术示范与推广"（2005EC000043）

高等学校博士学科点专项科研基金"枣疯病抗性诱导及其机制研究"（20050086004）

河北省自然科学基金项目"枣疯病病原在树体内的分布和运转规律"（300129）

河北省自然科学基金项目"抗枣疯病相关基因DDRT-PCR研究"（C2005000267）

河北省自然科学基金项目"枣种质资源的抗病性评价"（C2009000534）

河北省重点科技攻关项目"枣疯病治疗与康复技术研究与开发"（00220119D-2）

河北省科学技术研究与发展计划"枣抗病、优质新品种选育与种质创新"（06220117D-2）

河北省重点推广项目："枣疯病快速康复技术示范与推广"（057801134）

河北省林业技术推广项目："枣疯病病树改造技术及快速康复技术示范与推广"（200505123）

河北省林业技术推广项目："枣疯病防治示范与推广"（200303103）

保定市重大科技攻关项目"枣疯病治疗与康复技术研究与开发"（ZD0007）

河北农业大学博士基金项目"组培条件下抗枣疯病种质的规模化筛选"

河北农业大学9816重大科技项目："枣、核桃、苹果种质资源评价与利用研究"

河北农业大学科技将帅计划："枣抗病品种选育"

目　　录

CONTENTS

表 格 目 录
LIST OF TABLES

第十章　CHAPTER 10

插 图 目 录

LIST OF FIGURES

第五章　CHAPTER 5

第六章　CHAPTER 6

第七章　CHAPTER 7

第八章　CHAPTER 8

第九章　CHAPTER 9

第十章　CHAPTER 10

第一章 绪 论

　　枣树是原产我国的特色优势果树和第一大干果树种，我国枣树栽培面积和产量占世界总量的99%左右，国际贸易中近100%的枣产品均来自我国。枣产品是在国内外市场颇具竞争优势的农产品，枣产业是我国山、沙、碱、旱地区的重要支柱性农业产业。

　　枣疯病是一种由植原体引起的致死性传染病害，几乎分布于国内外所有的枣树分布区，且绝大多数枣树品种对其敏感。枣疯病已成为制约整个枣产业可持续发展的严重障碍之一。科学预防和有效控制枣疯病，是当前枣树生产上迫切需要解决的重大问题。

一、枣产业的重要地位

（一）枣树是原产我国的特色优势果树

　　枣树（*Ziziphus jujuba* Mill.）原产我国黄河中下游地区，已有7 000多年的栽培利用历史（曲泽洲等，1993）。远在2 500年前的战国时期，枣就与桃、杏、李、栗一起并称为我国北方最重要的"五果"。千百年来，枣树以其抗逆性强、早果速丰、管理容易、营养丰富、用途广泛以及可兼顾经济和生态效益等诸多优点，一直昌盛不衰。2006年，我国枣树的栽培面积已达150万hm²左右，枣果总产量305万t（刘孟军，2008）。无论面积和产量，枣树都成为名副其实的我国第一大干果树种。从栽培面积看，枣树已成为我国第三大果树，仅位于苹果和柑橘之后；从产量看，枣树则位于苹果、柑橘、梨、桃、葡萄和香蕉等之后（表1-1），在所有果树中居第七位。

表 1-1　2006 年我国主要果树的栽培面积和产量

Table 1-1　The growing area and yield of the main fruit species of China in 2006

树种 Species	面积（khm²） Area (1 000hm²)	排名 Rank	产量（t） Yield (t)	排名 Rank
总计 Total			88 343 142	
苹果 Apple	1 898.8	1	26 059 300	1
柑橘 Citrus	1 814.5	2	17 898 330	2

（续）

树种 Species	面积（khm²） Area（1 000hm²）	排名 Rank	产量（t） Yield（t）	排名 Rank
枣 Chinese jujube	1 500	3	3 052 860	7
梨 Pear	1 087.4	4	11 986 080	3
桃 Peach	669.5	5	8 214 700	4
柿 Persimmon	653.2	6	2 320 346	8
荔枝 Litchi	570.4	7	1 507 978	9
葡萄 Grape	418.7	8	6 270 756	6
香蕉 Banana	285.7	9	6 901 249	5
核桃 Walnut	188.0	10	475 455	14
板栗 Chinese chestnut	126.0	11	1 139 661	10
菠萝 Pineapple	53.2	12	890 701	12
龙眼 Longan			1 107 707	11
山杏 Apricot			518 019	13

资料来源：《中国农业年鉴》（2007），其中柿、板栗和核桃的面积数据来源于 FAO 统计资料。

Date from：China Agriculture Year Book（2007），except the growing areas of persimmon，Chinese chestnut and walnut from FAO STAT.

虽然已有世界五大洲的 30 多个国家先后引种了我国的枣树，但迄今只在韩国形成了一定规模的商品化栽培。截至目前，我国枣树栽培面积和产量均占世界总量的 99％左右，国际贸易中近 100％的枣产品均来自我国。

（二）枣产品是在国内外市场颇具竞争优势的农产品

枣果素以营养丰富著称，其功能性糖、维生素 C、环核苷酸及铁、钙等矿质元素含量非常丰富，是深受人们喜爱的特色果品、节日用品和传统滋补保健佳品。

据测定，每 100g 鲜枣肉含有维生素 C 300～600mg，比苹果、梨、桃等高出数十倍，与有"维生素 C 王"之称的猕猴桃相当；鲜枣果肉的含糖量达 23％～30％，干枣果肉的含糖量则高达 60％～70％，比甘蔗、甜菜等制糖原料的含糖量还高。枣味甘、性平、无毒，具有补中益气、养血安神、生津液、解药毒等功效。在《神农本草经》、《本草纲目》等历代医药典籍中，枣均被列为上品，是新中国确认的国家首批药、食兼用食品。据统计，在我国常用中药的配方中大约有 60％用到枣。

随着人们生活水平的提高，以营养保健价值高著称的枣产品，市场前景十分广阔。此外，由于除我国外唯一有规模化商品枣栽培的韩国尚自给不足，对我国枣产品的出口基本不构成竞争，使得枣作为我国特产在国际市场上具有独一无二的竞争优势和市场潜力。随着我国对外开放的不断深入，枣果及其加工品作为我国特产必将不断走向世界，成为最具特色的拳头出口农产品之一。

（三）枣产业是我国山、沙、碱、旱地区的重要支柱产业

改革开放以来，我国枣产业发展迅猛，已成为许多地区特别是山、沙、碱、旱贫困地区的支柱性农业产业，成为农民脱贫致富和增加地方财政收入的"摇钱树"和"致富树"。21 世纪初，在河北沧州曾创下每 $667m^2$ 冬枣年产值 10 万元以上的高效益。2007 年，新疆阿克苏地区林场枣树（灰枣和赞皇大枣）平均每 $667m^2$ 产量 $1\,000\sim1\,500kg$、产值 $15\,000\sim20\,000$ 元。20 世纪 90 年代，山西临猗县庙上乡山东庄通过发展临猗梨枣，人均增收 $6\,000\sim8\,000$ 元。位于陕北黄土高原的清涧县，1996 年枣树业税收 464 万元，占当年县财政收入的 46%；清涧县石盘乡 1985 年时有贫困人口 2 900 人，占农业人口的 50%，通过大力发展枣树生产，到 1995 年人均红枣收入一项达千元以上，贫困人口下降到 400 人，10 年间 86% 的贫困人口靠发展枣树脱了贫。位于山西临县黄土高原的克虎镇庞家庄村，将全村 $93.33hm^2$ 山地全部进行了枣粮间作，1997 年人均枣园达到 $2\,668m^2$，人均枣树业收入达 2 500 元，占经济总收入的 80% 以上，由贫困村一举成为远近闻名的先富村、小康村。

据国家林业局调查统计（刘孟军，2008），2007 年全国枣区人口 2 341.53 万人，约占全国人口的 1.8%，其中枣区人口超过 100 万的省、自治区有河北（300 万人）、山东（300 万人）、山西（800 万人）、辽宁（192 万人）、陕西（179.28 万人）、河南（115 万人）和新疆（257.95 万人），约占全国枣区人口的 91.6%。2006 年全国枣产业产值 200 多亿元，在许多重点产枣县枣业收入占农民收入的 40%，有的县甚至高达 80%。

枣树的适应性和抗逆性极强，尤以抗旱、耐瘠薄能力最为突出，是能够适应干旱、贫瘠、风沙、盐碱等恶劣自然条件，不与粮棉争地的木本粮食、铁杆庄稼，能够在一般果树和农作物难以正常生长的条件不利地区形成上千公顷至数百万公顷的林带或林区，不仅具有良好的经济效益，还可起到良好的保持水土、改善生态的作用，是果树上山下滩的先锋树种和理想的生态经济林树种。事实上，我国的主要枣区大多是在过去不适宜耕作的山、沙、碱、旱地区建立发展起来的。比如，在河北省和山东省环渤海盐碱地区，已建设成我国规模最大、最具影响力、总面积超过 33 万 hm^2 的金丝小枣、冬枣产区；近年来，在新疆塔克拉玛干沙漠边缘（环塔里木盆地）干旱贫瘠的戈壁地带，正在建设新兴大枣基地；河南省最大的内黄枣区（主要品种为扁核酸）历史上也曾是著名的盐碱区，陕西大荔、河南新郑枣区历史上曾是著名的风沙区，而河北太行山枣

区、晋陕黄河峡谷枣区则都是典型的旱薄山区。在河北省历史上，滏阳河一带一度出现沙漠化，后来通过大力发展枣树，不仅锁住了风沙，而且变成了高效益农业区。在陕北黄土高原，通过发展枣树，每年减少输入黄河的泥沙量高达546万 t。

综上所述，枣树是我国第一大干果树种和最具代表性的民族果树之一。枣产业是一个具有巨大发展潜力的朝阳产业，一个事关全国贫困地区近千万农民生计的致富产业，一个滋补强壮 13 亿中国人乃至世界人民的健康产业，一个有着广阔出口创汇前景的民族产业，一个在山、沙、碱、旱贫困地区破解经济与生态协调发展难题、建设社会主义新农村的抓手产业。

然而，枣产业的生存与发展正面临枣疯病的严重威胁。

二、枣疯病与植原体

（一）枣疯病的重大危害

枣疯病（Jujube witches' broom disease）是枣树上一种由植原体（Phytoplasma）引起的具毁灭性的检疫性传染病害（图 1-1），几乎分布于国内外所有的枣树和酸枣分布区，大多数枣树品种均对其敏感。枣疯病地上部的典型症状是花器返祖和枝叶丛生，病叶小、黄化，冬季小枝不脱落。枣树一旦患病，通常幼树 1～2 年、成龄树 3～6 年即逐渐枯死，极少有自愈现象，致死率接近 100%。而且，因为其病原寄生于维管束系统中，一处染病后随即周身带

图 1-1　患枣疯病的重疯病树（枝叶丛生，不能正常开花结果）

Fig. 1-1　The seriously diseased tree infected by JWB

（all branches with witches' broom, cannot flowering and fruiting）

病并终生带病，具有强传染、难治愈、高致死性特点，俗称枣树的"癌症"和"艾滋病"，其治疗成为了历史性的世界难题。

我国一些著名的枣产区，如北京的密云小枣产区、河北的玉田小枣产区等，都曾因枣疯病严重发生而濒临毁灭。1995年，韩国曾爆发枣疯病，许多枣园的年发病株率高达20％～30％。20世纪80年代以来，我国出现了枣疯病猖獗发生的趋势，河北太行山枣区、辽宁葫芦岛南票枣区的年发病株率达到5％～10％，一些重病枣园的累积发病株率甚至高达60％～80％，而失去商业生产价值。枣疯病已成为制约整个枣产业可持续发展的严重障碍之一。科学预防和有效控制枣疯病，是当前枣树生产上迫切需要解决的重大问题。

（二）植原体

植原体类病害正在引起各国科技工作者的高度重视和关注。一是因为植原体是一类能自身裂殖的最小微生物，对研究生命起源具有重要意义；二是因为植原体类病害广泛发生于世界各地，危害粮食、棉花、油料、花卉、药材、蔬菜、果树、橡胶、桑、竹等许多重要的粮食作物、经济作物以及林木和特种珍贵树种，对人类经济、生活均造成重大影响。

植原体病害均属于维管束系统病害，普遍具有强传染、难治愈、毁灭性（致死或绝收）等特点。迄今，植原体的人工分离培养和植原体病害的防治仍是世界性的难题。

据1989年的统计，全世界已报道的植原体病害达300多种（Mccoy R. E. et al.，1989），而到2005年发现的植原体类病害已经达到1 000多种（张荣等，2006）。由此可以看出，该类病害发展非常迅速，在许多重要植物上呈蔓延和加重的趋势。我国是发现植原体病害较多的国家，据统计有74种植原体病害（蒯元璋等，2000；蔡红等，2002），在林木及果树等木本植物上植原体病害尤为严重。

植原体属于支原体（Mycoplasma）中的一类。支原体于1956年被正式命名，该词来源于拉丁语及希腊语，Myco指丝状，Plasma指多形态及可塑性之意。因为缺少细胞壁，在微生物分类中建立了一个独立的新纲——柔膜体纲（Mollicutes），并发展成一门独立的学科——支原体学（曹玉璞等，2000）。支原体是一通称，一般泛指柔膜体纲中的任何一种。支原体广泛存在于人、动物、植物、昆虫中，以植物和昆虫为寄主的支原体有植原体（Phytoplasma）和螺原体（Spiroplasma）两大类，均寄生于植物韧皮部筛管细胞中。植原体和螺原体的主要区别是植原体一般为圆球状、杆状或哑铃状，而螺原体主要是螺旋形；而且植原体目前还不能人工分离培养，而螺原体能人工分离培养。螺原体在固体培养基上的菌落很小，煎蛋状，直径1mm左右，常在主菌落周围形成更小的卫星菌落；在培养液中可以做旋转运动。几乎所有的植原体病害都可由昆虫介体传病。

支原体由于基因组较小，是属于最早被进行基因组测序的微生物物种之一。1995 年 10 月，人类完成了第一个原核生物，即生殖支原体 G37 株的基因组测序。目前已完成 17 株支原体基因组测序，其中包括人类致病性支原体（如肺炎支原体）、动物致病性支原体（如猪肺炎支原体）、植物致病性支原体（如洋葱黄化病植原体）（刘劼等，2006）。洋葱黄化病植原体（Onion yellows phytoplasma）Oy‐M 株的基因组测序结果表明，其基因组除了 1 条环状染色体外，还包含 2 条额外的小染色体，染色体大小为 860 631bp，G＋C 含量 28％，预计有 754 个编码子（coding sequence，CDS），2 个 rRNA 操纵子基因和 32 个 tRNA 基因。一条额外小染色体 EcOyM 大小 5 025bp，G＋C 含量 25％，含 6 个 CDS；另一条额外小染色体 pOyM 大小 3 932bp，G＋C 含量 24％，含 5 个 CDS（Oshima K.，2004）。

像其他支原体基因组一样，植原体基因组中缺乏与氨基酸和脂肪酸合成、三羧酸循环、氧化磷酸化相关的基因，并且缺乏其他支原体中具有的磷酸转移酶系统、戊糖磷酸循环途径以及 F0F1 型 ATP 合成酶等基因，提示植原体寄生在营养丰富的环境中导致了代谢途径的退行性进化。但另一方面，为了能从寄生的宿主细胞内获得补充自己能量的代谢产物，支原体具丰富的转运系统编码基因，如编码苹果酸盐、铁离子、氨基酸转运子基因，并且这些基因都是多拷贝的；而且在很多细菌中单拷贝的基因（如 uvrD、hflB、tmK、dam、ssb 等）在植原体中都是以多拷贝出现。因此，尽管植原体比生殖支原体缺少许多代谢基因，但植原体基因组要远远大于生殖支原体基因组（刘劼等，2006）。

1. 植原体的发现过程　植原体的发现始于对植物黄化类病害的研究。植物黄化类病害的主要症状是：叶片黄化或变红，变小而革质化；腋芽萌发，节间缩短，形成丛枝；花器返祖，花变成叶片；生长发育受阻滞，整个植株矮化。如大田作物中的小麦丛矮病、马铃薯丛枝病、玉米矮化病、水稻黄矮病及木本植物中的枣疯病、桑树萎缩病、泡桐丛枝病、柑橘黄龙病、椰树黄化病等。植物黄化病害是一种整株性病害，草本植物黄化病害症状往往显得比木本植物的明显。木本植物的黄化病害，往往是由一个枝条或一个枝梢表现症状，然后病情加重，以至扩散蔓延至整株，严重的最后枯死。

对植物黄化病害的成因，人们经历了一个很长的认识过程。最初，很多人认为植物黄化病害是一种生理性病害，但后来发现黄化病害可以通过叶蝉类昆虫、菟丝子以及人工嫁接来传播。在黄化病害病株中未发现线虫、原生动物、真菌、细菌等病原体。最初，很多人认为植物黄化病害可能是由病毒所致。直至 1967 年，日本的土居养二等利用电子显微镜超薄切片技术，对桑树萎缩病、马铃薯丛枝病和泡桐丛枝病进行研究后，发现在感病植株韧皮部筛管细胞中，存在大小介于病毒和细菌之间的一类新病原，其形态结构与动物病的支原体或菌原体（Mycoplama）极为相似，但不能人工培养，也不能感染动物，他将这类微生物称为类菌原体（Mycoplasma-like organism，简称MLO），由此提出一种新的病原学说，认为黄化病是由类菌原体引起的，而不是病毒病，这才引起病理学界极大的重视。同时，在传播昆虫体内也观察到有类菌原体存在。

日本科学家们首先提出类菌原体学说的4点依据：①类菌原体只存在于病株，不存在于健株。②类菌原体只存在于带毒虫体内，不存在于无毒虫体内。③病株中从未发现有病毒粒体。④类菌原体对四环素类抗生素物质敏感。1968年法国的Mailet、美国的Maramorosch等对典型黄化病中的翠菊黄化病进行研究，也发现存在类菌原体。随后在其他许多植物黄化病株中发现了类菌原体。类菌原体的发现，解决了长时间以来植物黄化病害病原的疑问，为深入研究植物黄化病害奠定了基础。

2. 植原体的特征　在植原体被发现后的20多年时间里，人们围绕这种病原微生物开展了大量研究。植原体是一类寄生于植物韧皮部筛管和介体昆虫体内、具有三层单位膜结构的无细胞壁的原核生物，一般会引起植物叶片黄化和发育畸形等症状（《植原体菌种资源描述规范》，2004）。植原体是一类无细胞壁的原核微生物，目前尚难以在人工培养基上离体培养。

植原体的大小介于病毒和细菌之间，主要寄生在植物和叶蝉类昆虫体内，大小不一，直径在几十纳米到上千纳米之间，无细胞壁，具有受外力作用易被破坏的脆弱的单位膜。因无细胞壁，植原体形态受植物体内水分的吸收、胞液的浓度和胞内的渗透压等环境条件的影响较大，在不同条件下形态各异，一般有球形、长杆形、椭圆形、带状形及多态不规则形。同时植原体在不同的生长周期中，形态也有一定变化。

植原体的发育过程与菌原体（Mycoplasma）类似，经过一系列不同形式的发育程序，主要在寄主植物和媒介昆虫体内繁殖。繁殖方式多样，有两均分裂、出芽生殖、生成许多小体再释放出来、分枝体产生球孢初生体以及串球状的分支体链断裂等。在植物组织细胞内，植原体往往同时存在几种繁殖方式，且相互联系，生长到一定阶段可以互相转化。在电镜观察时，植原体呈现的多种形态恰与它诸多的繁殖方式有关；整个受害植物细胞内存在大量植原体，充斥整个空间，也是植原体多种类型的增殖方式造成的。同时，这种多类型的增殖方式还使昆虫体内的传毒速率较快。

有人根据观察到的植原体大小、形态及其内部特性，模拟了苦楝簇顶病病原植原体和三叶草变叶病病原植原体生殖循环图（图1-2），但植原体从生殖到衰亡的整个发育过程，并未被系统观察到。今后，应该深入系统地研究其生殖史，完善植原体病原学理论。

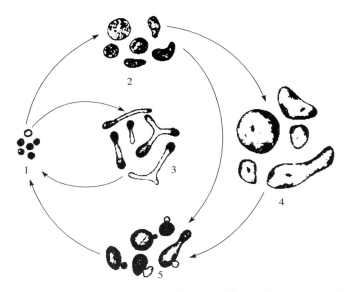

图 1 - 2　三叶草变叶病病原植原体生殖循环图

1. 初级体　2. 中间形式　3. 纤维状形式　4. 成熟细胞　5. 发芽细胞

Fig. 1 - 2　Procreation cycle of shamrock phyllody phytoplasma

(K. C. Sinha and Y. C. Paliwal，1969)

1.（Elementary bodies）　2.（Intermediate forms）　3.（Filamentous forms）

4.（Mature cells）　5.（Germinating cells）

3. 植原体的分类地位　早期对植原体的研究主要集中在寄主植物、致病症状、传播途径及介体专化性等生物学性状。20 世纪 70 年代，患病组织细胞切片的电镜观察提供了大量直观可靠的资料，但检测鉴定过程比较费时、费力。到 20 世纪 80 年代，开始使用血清学方法进行鉴定分类，血清学方法简便易行，使用单克隆抗体还具有鉴定植原体种类的能力，但血清学方法的灵敏度有限，对病原含量相对较低或分布不均的木本植物不很适用，而且缺乏商品使用的抗血清。后来，随着分子生物学的发展，分子生物学技术开始引入植原体研究，如 DNA 杂交（Kirkpatrick B. C. et al. ，1987；Kuske C. R. et al. ，1991；林木兰等，1994）、DNA 分离克隆（Harrison N. A. et al. ，1992；张春立等，1994）、RFLP 及序列测定（邱并生等，1998）等研究方法在植原体检测与鉴定中的应用，使植原体病害检测和鉴定技术有了突破性进展，获得了这一类原核生物的分类鉴定、系统发育等方面的大量资料。

1978 年，根据 16S 寡核苷酸分析提出原核生物的系统分类，分为 4 个门，将柔膜菌纲提升为 1 个门即软壁菌门（Tenericutes），其中包括 1 个纲即柔膜菌纲。1988 年，形成柔膜菌纲的分类系统，下设 3 个目，即菌原体目（Myco-plasmatales）、不需胆固醇菌原体目（Acholeplasmatales）和厌胆氧菌原体目（Anaeroplasmatalas）（廖晓兰等，2002）。

Lim 和 Sears 对植原体（当时称 MLO）的系统发育进行了研究。根据 16SrRNA 基因序列比较，认为植原体是柔膜菌纲的成员。进而通过分析其两个高度保守的核糖体蛋白基因（rp122 和 rps3）序列，证实植原体和不需胆固醇菌原体系统发育关系更接近。这些研究发现激发了全球范围内对植原体系统发育关系的深入研究。随着进一步研究发现：植原体进化枝内可划分为 14 个有显著区别的亚进化枝。研究者认为，每个系统发育进化枝的亚进化枝（16SrRNA 组）至少应为一个种，组内的基因差异则可划分亚种（Lim P. O. et al.，1992；Gundersen D. E. et al.，1994）。这些研究形成了不能人工培养的植原体分类的基础。

在 1992 年的第九届国际支原体组织（IOM）大会上，Sears 和 Kirkpatrick 首次提出了在柔膜体纲中设立植原体属（*Phytoplasma*）的建议，并对属的特征加以定义和描述，即在透射电镜下可观察到无细胞壁的多形性原核生物存在于韧皮部筛管细胞中；引起植物病害，导致叶片黄化或发育畸形，特别是影响到花的发育和茎尖分生组织活动；病原由从韧皮部取食的介体昆虫传播；对青霉素不敏感，对四环素很敏感；基因组很小，为 600～1 200kb，G＋C 含量为 23％～30％，系统发育上属于柔膜体纲成员。在 1994 年召开的第十届国际菌原体（IOM）组织大会上，国际细菌系统分类委员会柔膜菌纲分类组织同意用 *Phytoplasma* 作为属名取代沿用 20 余年的 MLO。1995 年 Zreik 等定名了第一个植原体种——柠檬丛枝病菌原体（*Phytoplasma auranli folia*）。

然而，柔膜菌纲的新种命名要求描述种的纯培养。但植原体不能分离培养，因此使用表现型特征来描述柔膜菌种对不能培养的植原体是做不到的。目前国际上对植原体的分类命名采用 Candidatus（候选种）的暂时分类系统。

虽然提出了植原体属的概念，以 Candidatus 贯名命名植原体种的植原体分类系统已初步形成，但绝大部分的植原体尚未列入正式的分类系统中。植原体种及种以下分类单元的归属问题，仍将是植物病理学家研究的热点。植原体 16SrRNA 基因序列同源性分析是目前国际上植原体鉴定分类的最重要方法。现 60％以上的已知植原体其 16SrRNA 基因已测序，其相似性为 88％～99％，而与其亲缘关系最近的不需胆固醇菌原体的相似性为 87％～88.5％。植原体 16SrRNA 一些特异区域与不需胆固醇菌原体有较大差异，并且与柔膜菌纲的其他成员可以区别开来。

根据这些独有的序列设计的 PCR 引物已广泛用于感染植物组织和介体昆虫中检测鉴定特有的植原体。但一般认为 16SrRNA 基因高度保守，它对分类关系很近的植原体较难区分。到目前为止，根据植原体 16SrRNA 和核糖体蛋白质基因（rp）形成了植原体分类的基本框架，是包含植原体种类最多的一个分类系统，在今后一段时间的植原体分类中仍会起到很重要的作用。

自 Lim 和 Sears 以及 Kirkpatrick 等首批克隆到植原体的 DNA 片段以来，已获得了大量植原体的 DNA 片段（Kirkpatrick B. C. et al.，1987；Lim P. et al.，1992）。这些片段经标记后被用作点杂交或 Southern 杂交的分子探针。与 Southern Blot 相结合的限制性酶切片段长度多态性（RFLP）分析可对植原体中的种进行分类（林含新等，1996）。

但是从许多木本植物中很难得到大量高质量的植原体 DNA，所以大量的研究集中在了利用 16SrDNA 序列的保守性方面。利用 16SrDNA 序列的保守性，邱并生等曾对收集到的 20 种感染植原体的植物材料，从患病材料和相应健康植物组织中提取总 DNA，扩增植原体的 16SrDNA 片段，通过限制性酶切片段长度多态性（RFLP）分析进行分类，发现枣疯病植原体属于白蜡树黄化种（邱并生等，1998）；张荣等研究表明，小麦蓝矮病植原体归属于翠菊植原体，并与三叶草变叶病植原体关系密切，被聚类为同一亚组，但是它们在寄主范围和传播介体等生物学性状方面差异很大（张荣等，2005）；庄启国等通过 16SrDNA 片断核酸序列同源性比较，表明斑竹丛枝病植原体是一种属于 16SrⅠ组的植原体，与翠菊黄化病植原体的 16SrDNA 序列同源关系达到 97.7%，基本确定了其分类地位（庄启国等，2005）。

◇ **参考文献**

［1］蔡红，祖旭宇，陈海如．植原体分类研究进展．植物保护．2002，28（3）：39～42

［2］曹玉璞，叶元康．支原体与支原体病．北京：人民卫生出版社，2000

［3］蒯元璋，张仲凯，陈海如．我国植物支原体类病害的种类．云南农业大学学报．2000，15（2）：153～160

［4］廖晓兰，朱水芳，罗宽．植原体的分类及分子生物学研究进展．植物检疫．2002，16（3）：167～172

［5］林含新，谢联辉．RFLP 在植物类菌原体鉴定和分类中的应用．微生物学通报．1996，23（2）：98～101

［6］林木兰，张春立，杨继红等．用核酸杂交技术检测泡桐丛枝病类菌原体．科学通报．1994，39（4）：376～380

［7］刘劼，吴移谋．支原体基因组学研究进展．中国人兽共患病学报．2006，22（11）：1 073～1 077

［8］刘孟军．中国枣产业发展报告．北京：中国林业出版社，2008，1～50

［9］邱并生，李横虹，史春霖等．从我国 20 种感病植物中扩增植原体 16SrDNA 片段及其 RFLP 分析．林业科学．1998，34（6）：67～74

［10］ 曲泽洲，王永蕙．中国果树志·枣卷．北京：中国林业出版社，1993，33～37

［11］ 张春立，林木兰，胡勤学等．泡桐丛枝病类菌原体 DNA 的分子克隆与序列分析．植物学报．1994，36（4）：278～282

［12］ 张荣，崔晓艳，孙广宇，康振生．小麦蓝矮病植原体核糖体蛋白基因片段序列分析．西北农林科技大学学报（自然科学版）．2006，34（11）：194～198

［13］ 张荣，孙广宇，张雅梅，康振生．小麦蓝矮病植原体 16SrDNA 序列分析研究．植物病理学报．2005，35（5）：397～402

［14］ 庄启国，刘应高，潘欣，王胜．四川斑竹丛枝病植原体检测及 16SrDNA 片断序列分析．四川农业大学学报．2005，23（4）：417～419，431

［15］ Gundersen D. E.，Lee I-M，Rehner S. A.，et al. Phylogeny of mycoplasmalike organisms（phytoplasmas）：a basis for their classification． J Bacteriol. 1994. 176：5 244～5 254

［16］ Harrison N. A.，Bourne C. M.，Cox R. L.，et al. DNA probes for detection of mycoplasma like organisms associated with lethal yellowing disease of palms in Florida. Phytopathology. 1992，82：216～224

［17］ Kirkpatrick B. C.，Stenger D. C.，Morris T. J.，et al. Cloning and detection of DNA from a nonculturable plant pathogenic mycoplasma-like organism ［J］．Science，1987，238：197～200

［18］ Kuske，C. R.，Kirkpatrick B. C.，Davis，M. J.，et al. DNA hybridization between western aster yellow mycoplasma like organism plasmids and extra chromosomal DNA from other plant pathogenic mycoplasma like organism. Mol. Plant-Microbe interact. 1991（4）：75～80

［19］ Lim P. O.，Sears B. B. Evolutionary relationship of a plant-pathogenic mycoplasma like organism and acholeplasma laidlawii deduced from tow ribosomal protein gene sequence. J. of Bacterial. 1992，174（8）：2 606～2 611

［20］ Mccoy R. E.，Candwell A. Plant diseases associated with mycoplasma like organism. The mollicutes，Vol. 5. Acadomic Press，Inc. New York，1989：545～640

［21］ Oshima K.，Kakizawa S.，Nishigawa H.，et al. Reductive evolution suggested from the complete genome sequence of a plant-pathogenic phytoplasma. Nat Genet，2004，36（1）：27～29

第二章　枣疯病的发展和研究史

　　枣疯病是枣树上的一种由植原体引起的具有毁灭性的传染性检疫性病害，几乎分布于国内外所有的枣树和酸枣分布区。

　　早在 20 世纪 40 年代人们就已发现枣疯病，国内外的正式报道始见于 20 世纪 50 年代，当时主要研究了枣疯病的发病过程和传播途径；20 世纪 70 年代，重点研究确认了枣疯病病原；20 世纪 80 年代，是枣疯病研究的高峰期，病原检测、传病昆虫及防治技术研究全面展开；20 世纪 90 年代，枣疯病研究一度陷入低潮；进入 21 世纪后枣疯病的防治研究实现突破，并在致病机理、病生理及分子生物学等研究方面取得重要进展。

　　枣疯病（Jujube witches' broom disease）是枣树上一种具有毁灭性的传染性病害，几乎分布于国内外所有的枣树和酸枣分布区。现代科学已经确认，枣疯病由植原体引起。其典型症状是花器返祖和枝叶丛生，病叶变小、黄化，疯枝在冬季不能正常落叶而枯死，病树根部往往长出疯根蘖。枣树一旦患病，通常幼树 1～2 年、成龄树 3～5 年即逐渐枯死。

一、枣疯病的发生和发展

　　早在 20 世纪 40 年代，人们就已经发现了枣疯病。1942 年，王鸣岐曾对枣树黄化病（枣疯病）进行过研究，但并未正式报道。1951 年，季良在我国首次正式报道了枣疯病（季良，1951）。至 20 世纪 50～60 年代，枣疯病在我国各个枣区的发生已非常普遍，山西、陕西、河南、河北、山东、广西、湖南、安徽、江苏、浙江等枣区均有报道，其中河北、河南、山东尤为严重（谌多仁，1957；浙江农业大学，1964）。

　　1982—1983 年，马润年（1984）先后对山西晋中枣产区的太谷县、吕梁枣产区的交城县、忻州枣产区的原平县、晋南枣产区的稷山县等地进行调查，发现除稷山县外（近年来稷山县引种的赞皇大枣上枣疯病已比较严重，作者注），其余各县枣树花叶病（枣疯病的前期症状）发生普遍而严重，发病轻的枣园病株率为 10.7%，严重的枣园病株率高达 82%。病树结果很少，所结果实多为花脸畸形果。

山东省果树研究所曾经对全国枣疯病发生情况进行调查，发现不同地区许多品种均有枣疯病发生，见表 2-1（王焯等，1986）。河北玉田小枣产区发病率为 12.3%～47.7%，山西太谷郎枣发病率为 21.6%～85.7%，泰安的圆铃和长红枣发病株率高达 78.5%，安徽淮南枣品种园枣疯病发病率高达 67.4%～91.3%。可见，枣疯病当时对枣树的危害程度之大。

表 2-1 20 世纪 80 年代全国部分枣产区枣疯病发生情况

Table 2-1 The epidemics of jujube witches' broom disease（JWB）
in some Chinese jujube growing areas of China in 1980s

省 Province	县、市 City/County	北纬度数 North latitude	品 种 Cultivar	枣疯病株率（%）Rate of tree with JWB
辽宁 Liaoning	锦西 Jinxi	40°43′	木枣、灵宝大枣 Muzao，Lingbaodazao	25.7～28.6
河北 Hebei	玉田 Yutian	39°53′	金丝小枣 Jinsixiaozao	12.3～47.7
山西 Shanxi	太谷 Taigu	37°25′	郎枣等 Liangzao	21.6～85.7
陕西 Shaanxi	彬县 Binxian	35°02′	圆枣 Yuanzao	1.9
山东 Shandong	泰安 Taian	36°12′	圆铃、长红 Yuanling，Changhong	78.5
河南 Henan	中牟 Zhongmou	34°43′	小白枣、木枣 Xiaobaizao，Muzao	26.6～65.0
江苏 Jiangsu	吴县 Wuxian	31°18′	白蒲枣 Baibuzao	1.0
安徽 Anhui	淮南 Huainan	32°38′	品种园多品种 Many cultivars	67.4～91.3
安徽 Anhui	歙县 Qinxian	29°54′	马枣、吉枣 Mazao，Jizao	7.0～9.1
四川 Sichuan	武隆 Wulong	29°09′	鸡蛋枣、米枣 Jidanzao，Mizao	56.9
广东 Guangdong	连县 Lianxian	24°44′	木枣 Muzao	5.7

资料来源：《枣疯病传病昆虫分布调查》，王焯，1986。Data from Zhuo Wang，1986.

20 世纪 90 年代以来，枣疯病持续发展蔓延，仍然是对枣树危害最大的病害之一。目前，不只在老产区病害严重，有些新产区由于引种的苗木和接穗携带病原也同样受到枣疯病的威胁。在全国各地，枣疯病危害严重的地区有河北太行山枣区、燕山枣区，河南豫中平原枣区、豫北枣区，山西太行山枣区、稷山枣区，山东鲁西南枣区、鲁中南枣区，北京密云枣区，陕西黄河沿岸枣区，辽宁葫芦岛枣区，安徽宣城枣区，浙江义乌枣区和广西灌阳枣区等。王化仕

（1996）报道，广西灌阳县 14 个主要产枣村的 2 317 株枣树，1988—1999 年 3 年共发病 392 株，病株率为 16.9%，平均年发病率为 5.62%；1992—1995 年对新圩乡木拉山定点观察枣树 836 株，1992 年当年发病株率为 8.02%，1993—1994 年两年累计病株率分别为 18.90% 和 31.46%，到 1995 年累计病株率达到 44.42%。田国忠等（2000）调查表明，陕西清涧 1982 年之前枣疯病发生率很低，仅在部分老枣园中零星分布，之后逐年加重，1998—1999 全县平均发病率在 3%～5%，枣疯病累计发病 30 万株以上。

2003 年，笔者在林业部造林司组织举办"全国枣疯病防治新技术培训班"期间，对全国部分枣区的枣疯病发生情况进行了摸底调查。结果表明，进入 21 世纪后，尽管各枣区对枣疯病实行了检疫，并进行了刨除病株等处理，枣疯病得到了一定的控制，但许多枣区仍有较高的发病率（表 2-2）。笔者还曾于 2006 年调查了河北省赞皇县枣疯病发生情况，发现赞皇许亭村 1 个近 2 000 株枣树的枣园，在不到 10 年的时间里由于枣疯病危害仅保留 5 株尚未发现症状。

综上，目前我国的许多枣区枣疯病仍然十分严重，防控任务依然很大。

表 2-2 2003 年全国部分枣区枣疯病发生和危害情况
Table 2-2 The epidemic of JWB in some Chinese jujube growing areas of China in 2003

省 Province	县、市 City/County	品　　种 Cultivar	枣疯病年发病株率（%） Rate of tree with JWB yearly
辽宁 Liaoning	朝阳 Chaoyang	大平顶、小平顶 Dapingding, Xiaopingding	10
河北 Hebei	行唐 Xingtang	婆枣、赞皇大枣 Pozao, Zanhuangdazao	2～5
河北 Hebei	井陉 Jingxing	赞皇大枣、婆枣等 Zanhuangdazao, Pozao	1～2
河北 Hebei	平山 Pingshan	赞皇大枣、婆枣等 Zanhuangdazao, Pozao	3～8
河北 Hebei	曲阳 Quyang	婆枣 Pozao	10
河北 Hebei	临城 Lincheng	赞皇大枣、串干 Zanhuangdazao, Chuangan	5
山东 Shandong	滨州 Binzhou	金丝小枣、冬枣 Jinsixiaozao, Dongzao	0
河北 Hebei	赞皇 Zanhuang	赞皇大枣 Zanhuangdazao	1
河北 Hebei	阜平 Fuping	婆枣 Pozao	5～10

（续）

省 Province	县、市 City/County	品　　种 Cultivar	枣疯病年发病株率（%） Rate of tree with JWB yearly
陕西 Shaanxi	延长 Yanchang	木枣、赞皇大枣等 Muzao，Zanhuangdazao	2～3
陕西 Shaanxi	延川 Yanchuan	木枣、狗头枣等 Muzao，Goutouzao	1
山西 Shanxi	稷山 Jishan	板枣、赞皇大枣等 Banzao，Zanhuangdazao	1
山西 Shanxi	保德 Baode	保德油枣 Baodeyouzao	0
宁夏 Ningxia	中宁 Zhongning	中宁小枣 Zhongningxiaozao	1～2

二、枣疯病的研究史

如前述，我国有关枣疯病研究的正式报道始见于 20 世纪 50 年代。截止到 2007 年，笔者在河北农业大学图书馆通过手查和利用 CNKI 检索，对关于枣疯病的 160 余篇研究论文进行了不同年代篇数及研究内容的统计（详见本章参考文献），结果见表 2 - 3。

表 2 - 3　1951—2007 年枣疯病研究论文数量统计

Table 2 - 3　The number of research paper on JWB published between 1951 and 2007 in China

年份 Year	论文内容 Content of paper						总计 Total
	病原 Pathogeny	传播 Transmission	防治 Prevention	致病机理 及病生理 Mechanism	分子生物学 Molecular biology	综述/介绍 Summary/ introduction	
1951—1965	1	1	2	—	—	3	7
1966—1973	—	—	—	—	—	—	0
1974—1980	5	—	2	—	—	—	6
1981—1990	6	16	13	3	—	7	45
1991—1995	1	—	15	1	—	1	18
1996—2000	2	—	21	—	1	4	28
2001—2007	2	2	39	11	4	4	62

由表 2 - 3 可以看出，我国自 20 世纪 50 年代初首次正式报道枣疯病以后，先后经历了 5 个阶段：

一是发现认识阶段（1951—1965），主要是开展了枣疯病的发生情况、发病过程和传播途径等的初步研究。

二是停滞不前阶段（1966—1973），由于找不到枣疯病病原，无从下手，枣疯病研究基本停滞。

三是病原确认阶段（1974—1980），1967 年日本的 Doi Y. 等从桑树萎缩病等病株筛管中发现了植原体（当时称类菌原体），1973 年韩国的 Yi C. K. 和 La Y. J. 率先在感染枣疯病的叶脉筛管中观察到了植原体；1974 年开始中国科学院上海生物化学研究所病毒研究组和山东省果树研究所枣疯病研究组也开展了枣疯病的病原观察研究，认为枣疯病由类菌原体和病毒复合感染所致；1981 年，王祈楷等通过系统比较研究，才最后确定枣疯病是由植原体单独引起。

四是全面研究阶段（1981—1995），20 世纪 80 年代是枣疯病研究的高峰期，从病原检测方法、传病昆虫及其生活史等开展了全方位研究，弄清了主要传病昆虫为叶蝉类，同时对枣疯病的防治技术进行了多方面的探索，但一直没有取得显著性的突破，致使 20 世纪 90 年代初枣疯病研究再度陷入低潮，此时期基本没有科研论文发表，主要是地方单位根据生产中的经验进行的防治总结。

五是防控理论与技术突破阶段（1996 年至今），20 世纪 90 年代后期开始，枣疯病研究开始出现新的起色，河北农业大学、河北省林业科学院等单位重新开始枣疯病的基础理论研究，进入 21 世纪后在方法研究和理论探索取得重要进展的基础上，高抗枣疯病新品种选育和高效防治药物研制取得重大突破，河北农业大学完成的"枣疯病控制理论与技术"成果获得 2006 年度国家科技进步二等奖。

（一）枣疯病症状研究

早期研究表明，感染枣疯病的明显症状是花器返祖和枝芽不正常萌发生长（季良，1951；洪淳佑，1960）。花器返祖表现为花梗变长，为正常花的 3～6 倍；萼片、花瓣肥大，变成浅绿色小叶；有的叶腋间还抽生小枝；雄蕊和雌蕊有时也变为小叶或小枝。枝芽不正常萌发生长，表现为正、副芽和结果母枝的顶芽一年多次连续萌生细小枝叶，形成稠密的丛枝，叶色黄绿，冬季不落。

之后，随着研究的深入，对枣疯病症状的系统描述不仅包括花器返祖和枝叶丛生，还有病叶变小、黄化，冬季小枝不脱落，当年枯死或发病三四年或更长时间枯死；病树根部往往长出疯蘖（中国科学院上海生物化学研究所病毒研究组和山东省果树研究所枣疯病研究组，1974）。王祈楷、徐绍华、陈子文等（1981）研究认为，一般枣疯树（除多年生老疯树外）在展叶期形态基本正常，仅叶色略淡，现蕾开花以后症状才明显，主要表现为丛枝、黄化和花、叶畸变。马润年（1984）发现感染枣疯病的枣树花叶病一般在个别枝条上先出现花叶，逐渐蔓延全树。病叶表现展叶缓慢，叶体较正常叶片狭小，有时叶片中脉两侧发育不平衡，形成扭曲状叶；叶色呈浓绿、淡绿相间或黄、绿相间的明显花叶状；叶片较薄，叶面凹凸不平或呈皱缩状，秋季病叶表面多呈灰绿色，易早落；病果为花脸型畸形果，比健果细而小，色泽不均匀，凹处色较深，呈暗绿或暗红色；凸处色较淡，呈淡绿或枣红色；病果肉质较松软，且粗糙，而凹陷处的果肉质地较坚实，食之有苦味。

林开金等（1985）对枣疯病症状演变进行了观察，认为枣疯病的典型症状为花叶、花变叶、丛枝3种类型，而健康枣树染病后最初表现花叶病，之后花叶树进一步发展为花变叶，花变叶发展为丛枝病，并根据枣疯病症状的自然演变程序把枣疯病划分为5个病变期：①叶变期：叶片出现花叶与皱缩；②花变期：花蕾变态与花变叶；③枝变期：树冠出现个别疯枝；④疯树期：疯枝布满全树；⑤衰亡期：树冠局部枯死至整株死亡。

侯宝林、齐秋锁、赵善香等在1987年提出枣疯病病树的症状分级。之后，枣疯病症状的研究一直没有更大进展。2005年，笔者发表了"枣疯病病情分级体系研究"一文，在多年调查研究的基础上，根据病原的浓度、症状表现和病情的可控程度，提出了组织、单枝、单株、枣园和枣区5个水平的病情分级指标体系，首次在不同水平上对枣疯病的病情进行了数量化描述（见第三章）。

（二）枣疯病病原研究

枣疯病病原是植原体（Phytoplasma）。植原体最早是日本的 Doi Y. 等（1967）从桑树萎缩病等病株的筛管切片中发现的。1973年，韩国的 Yi C. K. 和 La Y. J. 率先在感染枣疯病的叶脉筛管中用电子显微镜观察到了大小为125～970nm 的植原体（当时称类菌原体，Mycoplasma-like organism）。

在中国，从枣疯病病株组织中发现植原体到确定其为枣疯病的唯一病原经历了十多年的时间。王鸣岐（1942）、翁心桐等（1962）、王清和等（1964）证实了枣疯病可以通过嫁接传病，认为枣疯病是一种病毒病。中国科学院上海生物化学研究所病毒研究组和山东省果树研究所枣疯病研究组（1974）最初观察到枣疯病的病原为一种类似棒状病毒的质粒。因为当时流行一种看法，认为植物黄化病并非病毒引起，而系类菌原体所致，而且他们对桑树萎缩病病原体的研究表明，桑树黄化型及萎缩型萎缩病病株中不仅有类菌原体，而且有类似线状病毒质粒存在，因此，他们认为枣疯病也可能是一些病毒和类菌原体并存引起的复合病。随后，陈作义等（1978）在患枣疯病的金丝小枣叶脉筛管细胞中观察到了典型的类菌原体，其质粒大小为80～720nm，同时从枣疯病叶片中抽提出一种类似棒状病毒的质粒，也提示了枣疯病可能是类菌原体和病毒复合感染所致。再后，徐绍华（1980）在感染枣疯病的新梢韧皮薄壁细胞的超薄切片中观察到圆形、椭圆形及多种不定形的类菌原体，其直径一般为150～620nm，界膜清楚，厚度约为$10\mu m$，进一步证实了陈作义等的结论。然而，直到20世纪70年代末、80年代初国内对枣疯病的病原物是病毒、是类菌原体，还是病毒和类菌原体的复合侵染仍然存在争议。1981年，王祈楷、徐绍华、陈子文等通过系统的比较研究，最后确定了枣疯病是由类菌质体感染所引起，而不是病毒或病毒和类菌质体复合侵染的结果。1994年，在法国波尔多召开的第十届国际菌原体组织大会上类菌原体改称为植原体（Phytoplasma）。自此，枣疯病病原为植原体得以最终确定下来。

枣疯病病原确定以后，主要集中在对枣疯病病原的检测及分类地位的研究。因为枣疯病病原至今不能分离培养，枣疯病的分类系统主要是根据其植原体16SrRNA和核糖体蛋白质基因（rp）构建的。此分类系统是目前包含植原体种类最多的一个分类系统，在植原体病原成功培养之前仍会起到很重要的作用（具体分类见第五章）。

（三）枣疯病病理研究

自发现枣疯病以来，在枣疯病的病原检测、传播途径、发病过程及防治方面相继取得了很大成就，但关于枣疯病植原体的致病机理和病生理方面的研究还相对薄弱，近几年人们开始从激素、酶类、酚类、蛋白及矿质营养等多方面开展了研究。

在激素方面，笔者（2006）应用HPLC法分别对枣树健株、枣疯病病株和盐酸土霉素治疗后转健植株中的细胞分裂素（玉米素，Zeatin）、生长素（吲哚乙酸，IAA）、赤霉素（GA_3）和脱落酸（ABA）的含量进行了全生长季的检测。在根部，健株、治疗株和病株中IAA、GA_3和ABA的含量没有明显区别，但在7、8月份病株根部中Zeatin的含量要明显高于健株；在叶部，健株、治疗株和病株中的IAA、GA_3和ABA的含量也没有明显区别，但在生长后期（7月份以后）病株叶片中Zeatin含量显著高于健株。从不同患病程度叶片中激素的比较结果看，患病程度越重，Zeatin/IAA（C/A）比值越高。这些结果均表明，植原体侵染枣树植株后致使其内源激素失衡，主要是细胞分裂素含量的增加，最终导致了枣疯病症状表现。在激素研究方面，王蕤（1981）也曾对泡桐丛枝病进行研究，认为细胞分裂素和生长素的平衡失调是引起病树丛枝的主要原因。

在酚类物质方面，温秀军等（2006）通过抗病与感病枣树品系进行对比分析，发现抗病和感病品系间在酚类物质含量、绿原酸含量和蛋白质含量间都存在显著差异。在抗病品种中发现了一种感病品种所没有的酚类物质，经提取测定，该物质的提取液可对过氧化物酶、吲哚乙酸氧化酶的活性产生显著影响。郭晓军等（2006）通过对抗病材料与感病材料体内酚类物质进行的薄层层析分析，发现 JL 系列（婆枣）抗病单株在酚类物质代谢方面与抗病的 Hu 系列（壶瓶枣）存在差异，两者在酚类物质的含量和成分上均与感病材料差异显著。而在层析中观察到的不同 Rf 值的荧光点（斑）是否与抗（或致）枣疯病以及为何种酚类物质仍不明确，还有待进一步研究。王胜坤等（2006）也对不同抗病枣树品系叶片中内酚类物质和绿原酸含量进行了测定，结果表明，同一枣树品种中抗病单株叶片该两种物质的含量都明显高于感病单株，并且同一单株病健叶相比，健叶高于病叶，分析可能是抗病强的单株受植原体侵染后迅速积累较多的抗菌物质来抵挡病菌的进一步发展。

过氧化物酶和苯丙氨酸解氨酶与植物的抗病性有密切关系。张淑红等（2004）采用分光光度计和不连续聚丙烯酰胺凝胶电泳，比较分析了不同枣树品种及株系接入病原植原体后，其过氧化物酶及同工酶和苯丙氨酸解氨酶的变化。结果表明，同一枣树品种，不同发病程度的株系间过氧化物酶活性和同工酶有一定差异，抗病品种苯丙氨酸解氨酶活性高于感病品种，可作为研究枣树抗枣疯病机理的重要生理指标。宋淑梅等（2001）采用聚丙烯酰胺凝胶电泳方法，测定了由植原体引起的枣疯病病株和枣树健株的花器、叶片、枝条和根中的过氧化物酶活性和同工酶的变化，结果表明病株各器官中的酶活性显著地比健株相应的各器官中的酶活性提高，同时病株的酶谱中有新的酶带出现，说明有特异同工酶组分产生。

在矿质营养方面，笔者（2003）利用分光光度法对患枣疯病病树和健树间 7 种矿质元素进行了分析，结果表明植原体侵染枣树后，对叶片中大部分矿质元素的含量和变化趋势均产生了较大影响。患病后病叶对钾元素争夺强烈，发病期疯树病叶钾元素含量迅速上升，显著高于疯树健叶；对钙、镁、锰和铁元素的吸收均下降，患病后处于缺乏状态，其中铁元素只是在生长后期积累较少；对铜、锌两种元素的吸收变化不大，各处理差异不显著，详见第八章。

三、今后需重点研究的主要问题

经过近 60 年的研究和探索，枣疯病的相关理论和技术已基本成熟，今后应该进一步向深度研究迈进，尤其是应该重点开展以下几个方面的研究工作。

一是枣疯病病原——植原体的分离纯化和人工培养技术。由于植原体在植株体内含量低、大小不均一、极易与植物相似组织混淆等，目前尚未找到其理想的分离纯化方法，同时枣疯病植原体迄今尚不能人工培养，致使对其理化特性尚不明确，严重制约着进一步的深入研究。

二是抗枣疯病基因的深度发掘和利用。进一步筛选新的抗病种质资源，并充分利用已发现的高抗材料进行杂交育种培育抗病新品种；同时利用发现的高抗种质发掘抗病基因，用于枣树等植物的抗植原体病害的转基因育种等。

三是进一步筛选绿色、高效、成本低、使用方便的新型治疗药物。

◇ 参考文献

[1] 曹娟云．陕北枣疯病的传毒昆虫及其防治措施．中国果树．2002（4）：56

[2] 常经武，梁有峰．枣疯病研究中值得注意的新问题．西北园艺．1995（2）：5～6

[3] 陈功友，刘静敏．枣疯病枝电镜材料的处理技术．植物保护．1994，20（1）：36

[4] 陈子文，陈永萱，陈泽安．枣疯病研究的进展．南京农业大学学报．1991，14（4）：49～55

[5] 陈子文，张凤舞，田旭东等．枣疯病传病途径的研究．植物病理学报．1984，14（3）：141～146

[6] 陈作义，沈菊英，龚祖埙，王焯，周佩珍，于保文，姜秀英．枣疯病病原体的电子显微镜研究——Ⅱ．类菌质体．科学通报．1978，23（12）：751，755

[7] 陈作义，沈菊英等．枣疯病病原体的电子显微镜研究．中国科技．1974（6）：622～626

[8] 谌多仁．华东农业科学通报．1957（3）：147

[9] 程丽芬，毛静琴，梁凤玉等．枣疯病的发病规律及防治．山西林业科技．1995（3）：36～37

[10] 程云．铜仁地区枣疯病发生症状及综合防治技术．植物医生．2006，19（6）：20

[11] 褚天铎．枣疯病的形态发生及解剖特点．农业新技术．1986（1）：15～18

[12] 代占良．枣疯病树带病情况的化学鉴定．河北林业科技．1986（3）：1～2

[13] 戴洪义，沈德绪等．枣疯病热处理脱毒的初步研究．落叶果树．1988（4）：1～2·

[14] 戴锦荪．培育无病苗木，防止枣疯病发展．安徽农业科学．1965（1）：37～39

[15] 丁世民，张金伦，孙其君．枣疯病防治试验．果农之友．2005（3）：12

[16] 樊新萍，乔永胜，田建保．枣疯病研究进展．山西农业大学学报．2006，5（6）：14～17

[17] 樊新萍，田建保，A. Bertacci等．运用RAPD技术分析检测枣疯病植原体基因．华北农学报．2007，22（5）：172～175

[18] 冯景慧，薛合朝．主干环剥防治枣疯病试验．林业实用技术．1989（6）：21～22

[19] 冯景慧，薛合朝．主干环剥防治枣疯病试验初报．河南农业科学．1989（1）：25～26

[20] 高农，韩学俭．枣疯病的危害及其防治．特种经济动植物．2004（8）：38～39

[21] 高文胜．枣疯病的发生及综合防治．果农之友．2001（3）：47

[22] 高燕平，李拴元，李和平．吕梁地区枣树主要病虫害及其综合防治．山西水土保持科技．2002（3）：46～47

[23] 耿社青．枣树病虫害综合防治技术．河北果树．1998（1）：48～49

[24] 谷秋芳．枣疯病的识别与防治．河南林业．1999（4）：35

[25] 谷生连. 繁昌长枣病虫防治. 安徽林业. 1998（1）：23

[26] 桂晓春，佳贤龙. 葫芦枣对枣疯病有高抗性. 江西果树. 1995（4）：41

[27] 郭晓军，田国忠，赵少波等. 抗枣疯病枣树品种的 DAPI 荧光染色检测. 河北林业科技. 2003，8（4）：1～3

[28] 郭晓军，温秀军，孙朝晖等. 抗枣疯病枣树品种酚类物质的薄层层析分析. 河北林业科技. 2006，2（1）：1～2

[29] 郭艳秋. 枣疯病的防治. 河北林业. 2007（6）：32

[30] 韩国安，郭永红，陈永萱. 用单克隆抗体检测枣疯病类菌原体. 南京农业大学学报. 1990，13（1）：123

[31] 韩学俭. 枣疯病的流行与防治措施. 植物医生. 2003，16（4）：30～31

[32] 何放亭，武红巾，陈子文等. 几种植物类菌原体（MLOs）的分子检测及其遗传相关性比较. 植物病理学报. 1996，26（3）：251～255

[33] 洪淳佑，金钟镇. 枣疯病的研究（1）——患病植物的内外形态学特征及其命名. 韩国植物学会志. 1960，3（1）：32～38

[34] 洪淳佑，金钟镇. 枣疯病的研究（2）——病叶维管束构造的解剖学变化. 韩国植物学会志. 1960，3（2）：29～34

[35] 侯保林，齐秋锁，赵善香，王朝先，魏贤堂，马国江. 手术治疗枣疯病树的初步研究. 河北农业大学学报. 1987，10（4）：11～17

[36] 侯尚谦，李军. 内黄县枣疯病蔓延情况的调查及防治. 河南科技. 1988（10）：17～18

[37] 侯晓杰，李正楠，冉隆贤. 越冬病枝水培与 PCR 结合检测枣疯病植原体的存活动态. 中国森林病虫. 2007（26）：1～5

[38] 侯燕平，宋淑梅. 枣疯病病原体的超微形态及其分布. 山西农业大学学报. 1999（4）：312～316

[39] 黄家南. 枣疯病的防治措施. 中国土特产. 2002（2）：14

[40] 季良. 枣疯病的介绍. 河北农林. 1951（5）：17～19

[41] 江顺庆，吕明，姜向勇. 枣疯病的综合防治技术. 江西园艺. 2002（2）：24～25

[42] 焦荣斌，李亚. 太行山区枣疯病发生规律及防治对策. 山西果树. 2001，11（4）：28～29

[43] 焦荣斌，李亚. 太行山区枣疯病发生规律及防治技术. 中国果树. 2001，11（6）：40～41

[44] 焦荣斌. 枣疯病的发生规律与综合防治. 河北农业科技. 2003（4）：25

[45] 焦荣斌. 枣疯病的预防与治疗. 河北果树. 2000（2）：28～29

[46] 金开璇，高志和，吸枣疯病病原的中国拟菱纹叶蝉传染泡桐丛枝病. 林业实用技术. 1984（9）：22～24

[47] 靳春耘. 枣疯病治疗实验初报. 河北林业科技. 1982（2）：48～52

[48] 康克功，强磊. 冬枣主要病虫害及综合防治技术. 河南农业科学. 2006（8）：117～119

[49] 李庆元，李秀娟，任思伦. 枣疯病综合防治初步研究. 江苏林业科技. 2001，28（1）：

42～43

[50] 李仁俊．枣疯病防治药物"去疯灵"研制成功．中药材．1985（3）：19

[51] 李永，田国忠，朴春根等．我国几种植物植原体的快速分子鉴别与鉴定的研究．植物病理学报．2005，35（4）：293～299

[52] 李云，王宇，田砚亭等．枣树离体培养和脱除枣疯病原 MLO 技术研究进展．果树学报．2001，18（2）：115～119

[53] 林开金，李桂秀．枣疯病症状演变的观察．山西果树．1985（2）：35～37

[54] 刘芬然．枣疯病的正确防治．河北林业科技．2002（4）：43～44

[55] 刘贵海，张建军，孟繁武等．枣疯病发生规律及其防治技术．西北园艺．2004（8）：24～25

[56] 刘杰雄．怎样防治枣疯病．山西果树．1985（3）：63

[57] 刘孟军，赵锦，周俊义．枣疯病病情分级体系研究．河北农业大学学报．2006（1）：31～33

[58] 刘孟军，周俊义，赵锦，马爱红．枣疯病与过氧化物酶关系的研究初报．北京植物学研究（4）．北京：中国农业科学技术出版社，2002

[59] 刘孟军，周俊义，赵锦．枣疯病可持续综合治理战略．绿色果品研究进展．北京：中国农业科学技术出版社，2003

[60] 刘孟军，周俊义，赵锦等．极抗枣疯病新品种'星光'栽培技术要点及其应用．品牌与现代高效农业（2006 年全国果树学术研讨会论文集）．北京：中国农业科学技术出版社，2006

[61] 刘孟军，周俊义，赵锦等．极抗枣疯病枣新品种'星光'．园艺学报．2006，33（3）：687

[62] 刘书晓，殷秀玲．枣疯病的早期预防及手术治疗．河南农业．1999（11）：18

[63] 刘书晓．枣疯病的早期预防及手术治理．林业实用技术．2002（1）：33

[64] 刘书晓．枣疯病的早期预防及手术治疗．河北果树．2001（1）：54

[65] 刘书晓．枣树三大病害的防治技术．中国农村小康科技．2001（6）：23

[66] 刘相东，曹庆鑫，朱飞等．枣疯病的发生规律及防治技术研究．烟台果树．2004（3）：8～10

[67] 刘相东，朱飞，崔荣忠，曹庆鑫．枣疯病的防治技术．山西果树．2004（5）：44

[68] 卢清会，戴秀霞．枣疯病的发生与防治．农业科技通讯．2002（1）：32

[69] 罗瑢俊，禹建锡，王焯．凹缘菱纹叶蝉对枣疯病的传播．落叶果树．1982（1）：40

[70] 马红梅，王艳莹，陈庆涛等．沂蒙山区枣疯病的发生规律及综合防治技术研究．现代农业科技．2006（1）：48～49

[71] 马润年．枣树花叶病的研究．山西农业大学学报（自然科学版）．1984，4（2）：137～142

[72] 闵中月．枣疯病的发生及防治．安徽农业．2000（5）：17～18

[73] 牛步莲，陈实．枣树病虫害防治图说．山西果树．1999（2）：30～31

[74] 潘青华．枣疯病研究进展及防治措施．北京农业科学．2002（3）：4～10

[75] 庞辉，郭晓英．植物菌原体检测技术．西北林学院学报．2000，15（2）：102～106

[76] 齐秋锁．枣疯病研究的进展．河北农业大学学报．1986，9（4）：132～137

[77] 齐芸芳．枣疯病的危害及其综合防治．北方园艺．2007（10）：213

[78] 任国兰，郑铁民，陈功友，时向阳，李军，乔振喜，孔福全，马莉莉，王莉．枣疯病发病因子和防治技术研究．河南农业大学学报．1993，27（1）：67～71

[79] 世一．枣疯病的手术治疗．农家之友．1997（1）：13

[80] 宋清芳，宋清明，赵炳欣．枣疯病的防治技术研究．落叶果树．2007（2）：35～37

[81] 宋清芳．枣疯病防治技术研究．西北园艺．2007（2）：16～17

[82] 宋淑梅，薛怀清，原贵生．枣疯病综合治理的探讨．河北林果研究．1998（51）：256～260

[83] 宋淑梅，张中慧，宋东辉等．枣疯病与过氧化物酶活性变化的研究．山西农业大学学报．2001（2）：20～23

[84] 宋宪军，唐福霞．枣树主要病害发生规律及其防治．四川农业科技．1997（1）：19～20

[85] 宋严冬，成瑞琴．树干输液防治枣疯病．河北果树．2002（3）：52～53

[86] 孙朝晖，温秀军，孙士学．枣疯病研究现状．河北林业科技．1998（6）：50～53

[87] 孙朝晖，曾春凤，赵玉芬等．抗枣疯病婆枣组织培养外植体灭菌时间试验．河北林业科技．2004（2）：7～8

[88] 孙淑梅，张凤舞，田旭东，万欣．枣疯病传病介体之一——橙带拟菱纹叶蝉的生物学特性观察．中国果树．1985（1）：42～45

[89] 孙淑梅，张凤舞，田旭东．橙带拟菱纹叶蝉．河北农业科技．1986（5）：19～20

[90] 孙淑梅，张凤舞，田旭东．枣疯病的媒介昆虫——凹缘菱纹叶蝉生物学和防治研究．植物保护学报．1988，15（3）：173～177

[91] 孙元武．枣树常见病虫害及综合防治措施．农技服务．2003（8）：22～24

[92] 田国忠，罗飞，张志善等．陕西清涧县枣疯病发生和危害调查及防治建议．陕西林业科技．2000（2）：46～51

[93] 田国忠，温秀军，李永．枣疯病和泡桐丛枝病原植原体分离物的组织培养保藏和嫁接传染研究．林业科学研究．2005，18（1）：1～9

[94] 田国忠，张志善，李志清等．我国不同地区枣疯病发生动态和主导因子分析．林业科学．2002，38（2）：83～91

[95] 田国忠．枣疯病的预防和治疗策略研究．林业科技通讯．1998（2）：14～16

[96] 田旭东，张凤舞，孙淑梅，王祈楷．凹缘菱纹叶蝉的越冬习性与传播枣疯病的关系．植物病理学报．1988，18（2）：103～108

[97] 田砚亭，王红艳，牛辰，罗晓芳．枣树脱除类菌质体（MLO）技术的研究．北京林业大学学报．1993，15（2）：20～26

[98] 王焯，刘秀芳，周佩珍．枣疯病综合防治技术研究．中国果树．1988（2）：40～41

[99] 王焯，于保文，全德全等．四环素族等药物对枣疯病的初步治疗试验．中国农业科学．1980（4）：65～68

[100] 王焯，于保文，仝德全等．枣疯病类菌质体病原及其防治初步研究．落叶果树．1979（2）：6～12

[101] 王焯，于保文，周佩珍，姜秀英，沈菊英，陈作义．枣疯病传病昆虫研究（Ⅰ）传病昆虫——中国拟菱纹叶蝉．植物病理学报．1981，11（3）：25～29

[102] 王焯，张承安，周佩珍等．枣疯病传病昆虫分布调查．植物保护学报．1986，13（3）：174

[103] 王焯，周佩珍，于保文，姜秀英，张承安．中国拟菱纹叶蝉发生传病规律及防治研究．落叶果树．1983（2）：21～22

[104] 王焯，周佩珍等．枣疯病媒介昆虫——中华拟菱纹叶蝉生物学和防治的研究．植物保护学报．1984，11（4）：247～252

[105] 王焯．凹缘菱纹叶蝉对枣疯病的传播．山西果树．1982（3）：58～59

[106] 王焯．枣疯病几个有关问题．落叶果树．1995（4）：8～11

[107] 王改娟．应用祛疯1号防治枣疯病试验．山西林业科技．2005（1）：15～17

[108] 王更红．枣主要病虫害及防治．安徽农学通报．2003，9（5）：49～50

[109] 王海妮，吴云锋，安凤秋等．枣疯病和酸枣丛枝病植原体16S rDNA和tuf基因的序列同源性分析．中国农业科学．2007，40（10）：2 200～2 205

[110] 王化仕．灌阳县枣疯病的发生情况调查及其防治意见．广西植保．1996（1）：27～28

[111] 王锦艳，宋晓芳．枣疯病的发生规律与综合防治技术．西北园艺．2006（6）：31～32

[112] 王祈楷，徐绍华，陈子文等．枣疯病的研究．植物病理学报．1981，11（1）：15～18

[113] 王祈楷，徐绍华等．枣疯病的研究．植物病理学报．1987，11（1）：15～18

[114] 王清和，朱汉城，赵忠仁，同德全．枣疯病病原的探索．植物保护学报．1964（2）：195～198

[115] 王清和，朱汉城．枣疯病类菌原体在树体内向下运行规律探索初报．山东农学院学报．1982，13（1～2）：89

[116] 王清和．对枣疯病防治研究的几点建议．植物保护．1963（3）：127

[117] 王清和．砍疯枝能否防治枣疯病的探讨．中国果树．1980（1）：43～44

[118] 王蕤，王守宗，孙季琴．激素对泡桐丛枝病发生的影响．林业科学．1981（3）：281～286

[119] 王秀伶，刘孟军，刘丽娟等．荧光显微技术在枣疯病病原鉴定中的应用．河北农业大学学报．1999，22（4）：46～49

[120] 王英．枣疯病综合防治措施．河南科技．1989（5）：20～22

[121] 王宇．核酸点印迹杂交法检测枣疯病植原体．河北林业科技．2002（3）：1～3

[122] 王振东，王清和．枣疯病类菌原体抗血清的制备及其应用的初步研究．微生物学杂志．1988，8（4）：17～21，47

[123] 王宗海，汪德娥．枣疯病考察报告．江西林业科技．1994（6）：38～40

[124] 韦公远．枣疯病预防措施．河北果树．2003（4）：51～52

[125] 魏作全．枣疯病．新农业．1984（14）：33

[126] 温秀军，郭晓军，田国忠等．几个枣树品种和婆枣单株对枣疯病抗性的鉴定．林业

科学.2005，41（3）：88～96

[127] 温秀军，孙朝晖，孙士学等.抗枣疯病枣树品种及品系的选择.林业科学.2001，37（5）：87～92

[128] 温秀军，孙朝晖，田国忠等.抗枣疯病枣树品系选育及抗病机理初探.林业科技开发.2006，20（5）：12～18

[129] 翁心桐，赵学源，陈子文.枣疯病的初步研究.中国农业科学.1962（6）：14～18

[130] 吴社全.枣疯病的手术治疗.农家顾问.1998（2）：27

[131] 武红巾，何放亭，陈子文.感染枣疯病长春花病株的繁殖与管理方法.植物保护.1994（4）：45～46

[132] 徐绍华.枣疯病枝超薄切片中类菌质体的电镜观察.微生物学报.1980，20（2）：219～220

[133] 徐秀德，李项宇，董怀玉等.枣疯病药剂防治技术研究初报.辽宁农业科学.2004（4）：19～21

[134] 余金刚，姬廷芬.枣树病害的综合防治.中用农村科技.2001（2）：18

[135] 余治国，刘兴忠，罗贤国等.枣疯病综合防治技术研究.植物医生.1997，10（3）：29～31

[136] 枣疯病的传毒媒介.中国拟菱纹叶蝉.山西果树.1981（1）：55

[137] 翟建文，尔吉辉，马玉树等.枣疯病的发生及综合防治技术.河北林业科技.2000（12）：56～58

[138] 张存立，王华荣，王素荣.冬枣的栽培管理及病虫害防治技术.北方园艺.2007（9）：118～119

[139] 张凤舞，孙淑梅，陈子文，田旭东，万欣，王祈楷.枣疯病的发生与传病介体的关系.中国果树.1986（3）：16～18，61

[140] 张是，桂龙，唐宏.枣疯病的综合防治.农业科技信息.2005（2）：29

[141] 张淑红，高宝嘉，温秀军.枣疯病过氧化物酶及苯丙氨酸解氨酶的研究.植物保护.2004，30（5）：59～62

[142] 张香纯.枣疯病的识别与防治措施.农业科技通讯.2006（9）：48～49

[143] 张艳.枣疯病早发现及预防措施.植物医生.1999，12（1）：6

[144] 张永存.枣疯病及其防治.山西林业科技.1987（3）：44～45

[145] 赵锦，代丽，刘孟军等.枣疯病研究现状及其防治.干果研究进展（4）.北京：中国农业科学技术出版社，2005

[146] 赵锦，代丽，薛陈心等.离体条件下进行治疗枣疯病药物筛选的可行性研究.河北农业大学学报.2006，29（1）：70～73

[147] 赵锦，刘孟军，代丽等.枣疯病病树中内源激素的变化研究.中国农业科学.2006，39（11）：2 255～2 260

[148] 赵锦，刘孟军，周俊义.药物滴注治疗枣疯病技术规程.干果研究进展（4）.北京：中国农业科学技术出版社，2005

[149] 赵锦，刘孟军，周俊义等.抗枣疯病种质资源的筛选与应用.植物遗传资源学报.

2006，7（4）：398～403

[150] 赵锦，刘孟军，周俊义等．枣疯植原体的分布特点及周年消长规律．林业科学．2006（8）：144～147

[151] 赵全凯，张宝忠，刘杰等．枣疯病防治试验总结．北方果树．2003（5）：22

[152] 浙江农业大学．农业植物病理学．上海：上海科学技术出版社，1964

[153] 郑宏春，冯晓东，白重炎等．枣疯病的研究现状．延安大学学报（自然科学版）．1996，15（3）：65～68

[154] 中国科学院生物化学研究所病毒研究组，山东省果树科学研究所枣疯病研究组．枣疯病病原体的电子显微镜研究．中国科学．1974（6）：622

[155] 周俊义，刘孟军，侯保林．枣疯病研究进展．果树科学．1998，15（4）：354～359

[156] 周莉蓉，翟惠玲．阿克苏地区枣病虫害发生规律及防治措施．农业科技与信息．2007（9）：22～24

[157] 周玲玲．类菌原体病害．兵团教育学院学报．1998（1）：44～45

[158] 周佩珍，郭裕新．疯酸枣种子不能传布枣疯病．落叶果树．1986（3）：44

[159] 朱本明，陈作义，沈菊英，周佩珍，张承安，王焯，刘秀芳．枣疯病类菌原体的抽提．自然杂志．1987（7）：559～560

[160] 朱本明，陈作义，郑巧兮，王焯，于保文，周佩珍，姜秀英．枣树花叶病原研究初报．自然杂志．1982，5（1）：77～78

[161] 朱本明，陈作义，周佩珍等．土霉素对枣疯病类菌原体抽提物的影响．上海农业科技．1987（1）：19～20

[162] 朱本明．我国植物类菌原体病害及其防治．自然杂志．1987，10（10）：757～762

[163] 朱本明．植物新病原——类菌原体（续）．上海农业科技．1981（2）：29～31

[164] 朱本明．植物新病原——类菌原体．上海农业科技．1981（1）：11～14

[165] 朱文勇，杜学梅，郭黄萍等．骏枣茎尖培养脱除枣疯病 MLO．园艺学报．1996，23（2）：197～198

第三章　枣疯病的主要症状与病情分级

　　枣疯病症状在不同器官上均有所表现，通常有叶片黄化、花器返祖（花变叶等）、小枝丛生、根的畸变及果实畸形等，其中最容易识别、最能突出枣疯病"疯"的典型症状是枝叶丛生，俗称"扫帚状"。

　　枣疯病在枝条上的症状演变基本上有两种形式。一种是渐进式，即花梗延长→花变叶→叶片变小→节间缩短、腋芽大量萌发、形成丛枝→极度短缩丛枝；另外一种形式是爆发式，即一开始表现为短缩丛枝等重疯症状。

　　在病原、病枝、病株、病园和病区5个水平上，从微观到宏观进行了枣疯病病情分级。认识枣疯病病情的发生和发展规律，可为针对不同病级的病枝、病树、病园、病区建立相应的治理策略提供理论依据。

一、枣疯病的主要症状

　　枣疯病为一维管束传导的周身性感染病害。枣树染病后，会引起树体一系列的生理代谢紊乱，其症状在各种器官上均有所表现。通常有叶片黄化、小枝丛生、花器返祖（花梗延长和花变叶等）、根的畸变及果实畸形等，其中最典型、最易识别的症状是枝叶丛生，俗称"扫帚状"，这一症状也最能突出枣疯病"疯"的特点。下面将枣树感染枣疯病后不同器官上的症状分述如下。

　　1. 根部症状　病株根部症状表现为根瘤，须根呈扫帚状，同一条根上多处出现丛生根蘖，枯死后呈刷状。后期病根皮层腐烂，从而导致全株死亡。疯根蘖苗表现为丛枝状，有的虽然当年表现不明显，在第二年萌芽后表现为丛枝（根部症状见图3-1A）。

　　2. 枝条症状　病枝症状表现为枝条纤细、节间缩短、枝叶丛生。丛枝是由于患病后芽不正常萌发和花器返祖所致，由于发育枝上的主芽和副芽连续萌发，枝条节间缩短、纤细、叶片变小而形成丛生状态。病枝上的枣吊在花后仍能延长生长，延长部分节间短、叶片小、具明脉。该症状在发病的根蘖苗上表现尤为明显。丛生疯枝往往在冬后枯干死亡（枝条症状见图3-1C）。

图 3-1　枣疯病病树不同器官症状表现

A. 病树根蘖苗（丛生状态）　B. 花变叶及花梗延长

C. 叶变小、黄化及枝条短缩丛枝　D. 枣疯病病树冬季不能正常落叶

E. 左为病果，呈花脸症状；右为正常果

Fig. 3-1　Apparent symptom in different organs of Chinese jujube with JWB

A. Fascicular offsprings from root with JWB　B. Elongated peduncle and phyllody

C. Little and yellowish leaves, condensed branch　D. The diseased leaves could

not drop normally in the winter　E. Left：diseased fruits；Right：normal fruits

3. 叶片症状　病叶症状表现为狭小、翠绿色、具明脉，一般于花后逐渐黄化，继而边缘上卷，变硬、变脆失去光泽，严重时焦黄以致脱落。叶片有两种表现：一种为小叶型，枝叶丛生、纤细、黄化；另一种为花叶型，叶片凹凸不平，呈不规则的块状，黄绿不均，叶色较淡。这两种叶多出现在新生的枣头上。另外，枣疯病树上的病叶在秋后不能正常落叶，最后枯干在树上（叶片症状见图3－1D）。

4. 花器症状　花器症状表现为小花花梗明显伸长（可达4～5倍）；萼片和花瓣变为小叶；花盘及胚珠萎缩；雄蕊花丝长度变化不大，但花药缺失或萎缩；雌蕊子房明显伸长，并依柱头两裂方向沿心皮腹缝线纵裂，形成两片小叶，小叶叶腋可抽生节间很短的短枝；花变叶后小枝叶丛生，秋后不落，过冬枯死（花器症状见图3－1B）。

5. 果实症状　在重病株上，一般不结果。在轻病株上，症状严重发生花变叶处不能结果；在尚未表现症状的枝上仍可结出正常果实；在疯健结合部和症状很轻的枝上所结果实一般都不正常。病果症状表现为着色浅、果面多凹凸不平，呈疣状突起；颜色红绿相间，呈花脸状，而且组织松散、糖分低、味苦（果实症状见图3－1E）。

初发病枣树，一般从花期开始首先在局部枝条上表现症状，然后逐步扩散至全株。枣树发病后很快失去结果能力，大部分3年左右即整株枯死。

二、枣疯病的症状演变

根据笔者多年的田间观察，发现枣疯病病枝的症状演变基本上有两种形式，一种是渐进式，即花梗延长→花变叶→叶片变小→节间缩短、腋芽大量萌发、形成丛枝→极度短缩丛枝，这种症状演变过程一般是由于传病昆虫在地上部侵染枣树后，植原体病原开始逐步积累，随着病原浓度的积累症状逐渐加重，但起始症状有可能根据病原浓度不同可以开始于不同阶段。另外一种形式是爆发式，即一开始即表现为丛枝甚至是短缩丛枝等重疯症状，比如根部带病以后萌生的根蘖苗常常一萌发就是典型的短缩疯枝症状，这可能与发病部位病原浓度积累较高有关。在婆枣上，症状发展多为渐进式，但有些植株也不同程度地表现为爆发式；在冬枣上，症状表现多为爆发式。症状发展类型与枣树基因型的关系以及枣疯病病原的变异情况值得进一步研究。

另外，笔者对组培苗感染枣疯病后的症状演变过程也进行了系统观察（赵锦，2003）。与田间相比，组培条件下枣疯病症状主要是叶片黄化、叶片变小、节间缩短并且腋芽大量萌发，花变叶症状在枣疯病病苗初代培养中有时会有所表现，而在继代组培苗中由于没有花器官因而观察不到花变叶症状，而且枣疯病病苗的根部症状也不明显。但利用 DAPI 荧光显微检测方法检测组培苗的病原情况发现，不管是组培苗的茎叶还是根部，其韧皮部均有大量荧光斑点，即带有大量病原。

枣疯病症状演变过程与植株的激素代谢关系密切。组培条件下枣疯病的症状可以通过在培养基中添加不同种类和浓度的激素进行调控，培养基中添加细胞分裂素类（如 6 - BA）会加重枣疯病症状，主要表现为迅速生长、分化，腋叶增生，腋芽萌发，而且基部大量分枝，繁殖系数常可达 10 以上，甚至几十，表现典型的小叶和丛枝症状；而生长素类（NAA、IBA 和 GA₃）可以不同程度地逆转枣疯病症状，在添加生长素类的培养基中持续继代，枣疯病病苗症状向健康方向演变，主要表现为节间伸长、叶片变绿变大、腋芽萌发和基部萌芽减少，但托叶刺变为小托叶症状始终不能逆转。

另外，由组培条件下的症状演变过程可以得到一点启示，即在枣疯病病树的治疗过程中可以通过喷施生长素类物质进行辅助调节，以加快病树的康复。

三、枣疯病的病情分级

植物病害的病情发展通常有一个从无到有、由轻到重的规律性演进过程。随着病情由轻到重，其可控程度也由易到难。20 世纪 50 年代以来，许多研究单位先后研究确定了枣疯病的病原及其存在部位、主要传播途径、传毒昆虫、病原鉴定方法及枣疯病的症状演变过程等，然而在枣疯病的病情分级方面，仅有单株水平的报道（侯保林等，1987）。虽然单株的分级能一定程度上反映枣树的患病情况，但不能反应细节变化，如单株水平上Ⅰ级病树指标为仅有 1～2 个小疯枝，但疯枝是仅花梗延长还是典型的短缩丛枝并不能体现，这两种症状下的病情显然不是同一程度。

鉴于此，笔者在多年的枣疯病病原检测的基础上，结合在河北省（阜平县、唐县、曲阳县、赞皇县及玉田县等）、陕西省（清涧县）、山西省（稷山县）、山东省（泰安市）及辽宁省（葫芦岛市）等地进行的田间症状调查，以病情的发展进程和可控程度为依据，从组织、病枝、病株、病园和病区等 5 个水平上从微观到宏观进行了病情分级（刘孟军等，2006）。

为了便于应用，在组织、单枝、单株、枣园和枣区不同水平同一级别的病情分级时，力求在发展进程和可控程度上具有相对一致性。如单枝和单株水平的分级中，Ⅰ～Ⅱ级疯枝可通过及时去除基本控制病情发展，Ⅰ～Ⅱ级疯树则可通过输液治疗比较容易得到控制；而Ⅳ～Ⅴ级疯枝则很难通过简单的去除措施控制病情发展，Ⅳ～Ⅴ级疯树也很难通过输液治疗迅速恢复。枣疯病病情分级体系的建立，可为枣疯病研究和防治效果评价提供理论依据和有益参考。

（一）组织水平上的枣疯病病情分级

由于植原体在树体内的不断增殖和运转，树体某个组织、部位的植原体浓度呈现连续的动态变化过程。荧光显微观察表明，韧皮部荧光亮点的多少与枣树发病程度呈正相关。根据连续多年的观察结果，在组织显微水平上按荧光亮点（DAPI 荧光检测法，王秀伶等，2000）的多少将病原浓度划分成 5 级，并列出了相应的表观症状及其发生部位（表 3-1），不同病级的 DAPI 荧光检测结果见图 3-2。

表 3-1　枣疯病病原浓度分级表（以枣吊为例）

Table 3-1　Grading of phytoplasma density in diseased branch（bearing shoot）

病级 Grade	荧光显微镜下的病原特征 Phytoplasma density under fluorescence microscope	表观症状 Apparent symptom	发生部位 Common location
0	无荧光亮点和小碎点 No fluorescent spots	无症状 No	健树和轻病树远离疯枝的健康枝部位 Healthy trees and healthy branches far from diseased ones in mild diseased tree
I	有大量小碎点，偶尔夹杂一个较小的荧光亮点 Large amounts of ambiguous tiny spots，with few bright fluorescent spot	无症状 No	轻病树距离疯枝较近的枝上、中度发病树的"健康"枝 Branches close to diseased ones in mild-moderate diseased trees，newly infected branches
II	有大量小碎点，明显夹杂少量零星分布的荧光亮点 Large amounts of tiny spots mixed with some bright fluorescent spots	花梗延长、花变叶等 Peduncle elongated，phyllody	疯枝和健枝结合部位；I～II级疯枝 Joint part between healthy and diseased branch，diseased branch grade I～II
III	有较多荧光亮点，其中一些连成片或半环状，局部小范围构成亮带 Large amounts of bright fluorescent spots	丛枝症状 Condensed branch	III～IV级疯枝 Diseased branch，grade III～IV
IV	有大量荧光亮点，几乎呈连续的均匀分布，在韧皮部组成一条亮环 Big size fluorescent spots forming a bright circle	短缩丛枝 Condensed branch	V级疯枝 Diseased branch，grade V

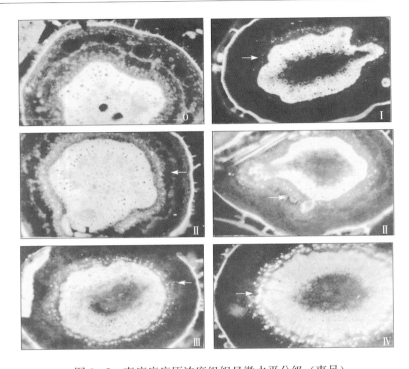

图 3 - 2　枣疯病病原浓度组织显微水平分级（枣吊）

Fig. 3 - 2　Grading of phytoplasma density in diseased bearing shoot
under fluorescence microscope

（二）枝条水平上的枣疯病病情分级

　　田间调查发现，随着枣疯病病情的进展和加剧，其在单枝水平上的表观症状呈阶段性变化，根据表观症状的发展可将病情分为 6 级（图 3 - 3），具体分级标准见表 3 - 2。在同一株病树上，可以有两种或两种以上病情的枝条。一般情况下，整株树病情越严重，不同病级的枝条种类越多，但特别严重的病树，则往往只有Ⅳ和Ⅴ级病枝。

表 3 - 2　枝条水平上枣疯病病情分级

Table 3 - 2　Symptom grading of jujube witches' broom disease at shoot level

病　级 Grade	表　观　症　状 Apparent symptoms
0	无症状 No symptoms
Ⅰ	花梗延长，叶片、枝条外观正常 Peduncle elongated，flower changed into tiny leaves，branch looks normal

（续）

病　级 Grade	表　观　症　状 Apparent symptoms
II	花变为多个小叶，枝条外观正常 Flower changed into phyllody，branch looks normal
III	花变为多个小叶，新枝顶端叶片明显变小 Flower changed into phyllody，top leaves of new branch obviously smaller
IV	新枝中度短缩，叶片明显变小，但仍有少量正常叶片 New branch moderately condensed，a few normal leaves remained
V	新枝极度短缩，叶片均变小，基本没有正常叶片 New branch extremely condensed，almost no normal leaves

图 3 - 3　枝条水平的病情分级

Fig. 3 - 3　Apparent symptoms of different grades of jujube witches'
broom disease at shoot level

（三）植株水平上的枣疯病病情分级

根据病树整株的病情发展情况，在单株水平上可将病情分为 6 级，具体分级标准见表 3 - 3。植株患病后如果不及时采取有效措施进行治疗，病情会逐年加重，一般 2～3 年后丧失产量，并很快导致植株死亡。Ⅰ 级病树一般为初侵染，及时采取去疯枝措施可有效遏制病情的发展，在病原还没有扩散开前去除病枝可完全治愈病树；Ⅱ 级病树可以采用树干滴注结合手术治疗的治疗策略；Ⅲ、Ⅳ 级重病树一方面可利用抗病种质（刘孟军等，2006）进行高接改造，另一方面，可结合手术治疗加强药物防治，同时补给必要的营养物质加快病树康复；Ⅴ 级极重病树和疯根蘖防治难度大、成本高，且作为大的传染源，应及早挖除并彻底销毁（图 3 - 4）。

表 3 - 3　植株水平上枣疯病病情的分级

Table 3 - 3　Grading of jujube witches' broom disease at tree level

病 级 Grade	表 观 症 状 Apparent symptoms
0	无疯枝 No diseased branches
Ⅰ	仅有 1～2 个小病枝，其他枝条外观正常 Only 1～2 diseased branches
Ⅱ	病枝占总枝量的 1/3 以下，其他枝条外观正常 The proportion of diseased branches less than 1/3
Ⅲ	病枝占总枝量的 1/3～2/3，其他枝条外观正常 The proportion of diseased branches between 1/3～2/3
Ⅳ	病枝占总枝量的 2/3 以上，但尚有枝条外观正常 The proportion of diseased branches more than 2/3
Ⅴ	病枝遍布全树，基本无正常枝条 Almost no healthy branches

图 3-4 植株水平上枣疯病病情分级（病叶在冬季未正常落叶）

Fig. 3-4 Grading of jujube witches' broom disease at tree level

(diseased leaves not fall in winter)

（四）枣园水平上的枣疯病病情分级

一个枣园的枣疯病发病程度可从年发病率和累积发病率两个方面衡量，但一般年发病率和累积发病率呈显著正相关趋势，故本书以累积发病率为标准进行病园水平的病情分级，具体分级标准见表 3-4。一般来说，枣园出现病树后如果不及时采取治疗措施，病树率会逐年加速增大，以至于整园毁灭。所以，只要出现病树就应该采取有效措施进行治理。

表 3-4 病园水平上枣疯病病情分级

Table 3-4 Grading of jujube witches' broom disease at orchard level

病 级 Grade	累积发病率 Accumulated rate of diseased tree
0	无病树 No diseased trees
I	病树占枣园总数 5%以下 Less than 5%
II	病树占枣园总数 5%～10% 5%～10%
III	病树占枣园总数 10%～30% 10%～30%
IV	病树占枣园总数 30%～50% 30%～50%
V	病树占枣园总数 50%以上 More than 50%

（五）枣区水平上的枣疯病病情分级

根据枣疯病累积发病率的高低，可在枣区水平上将其病情分为 6 级，具体分级标准见表 3 - 5。

表 3 - 5　枣区水平上枣疯病病情分级

Table 3 - 5　Grading of jujube witches' broom disease at regional level

病　级 Grade	累积发病率 Accumulated rate of diseased tree
0	无病树 No diseased trees
I	累积发病率在 1% 以下 Less than 1%
II	累积发病率在 1%～5% 1%～5%
III	累积发病率在 5%～10% 5%～10%
IV	累积发病率在 10%～20% 10%～20%
V	累积发病率在 20% 以上 More than 20%

上述依据枣疯病病情的发生、发展动态和生产实际需求提出的枣疯病病情分级体系，有助于针对不同病级的病枝、病树、病园及病区建立相应的治疗策略。在发病率较高的枣区必须应用综合的可持续治理策略——"择地筛苗选品种，去幼清衰治成龄，疗轻改重刨极重，综合治理贯始终"（详见第十章），将枣疯病的年发病率减少到 0.3% 以下。

◇ 参考文献

[1] 侯保林，齐秋锁，赵善香等．手术治疗枣疯病的初步探索．河北农业大学学报．1987，10（4）：11～17

[2] 刘孟军，赵锦，周俊义．枣疯病病情分级体系研究．河北农业大学学报．2006，29（1）：31～33

[3] 王秀伶，刘孟军，刘丽娟．荧光显微技术在枣疯病病原鉴定中的应用．河北农业大学学报．1999，22（4）：46～49

[4] 赵锦．枣疯病病原周年消长规律及其病害生理研究．河北农业大学博士学位论文．2003

第四章　枣疯病的流行学

枣疯病可以通过叶蝉类昆虫、嫁接、根蘖苗及菟丝子等途径进行传播。枣疯病主要的传播媒介昆虫是凹缘菱纹叶蝉、橙带拟菱纹叶蝉、中华拟菱纹叶蝉和红闪小叶蝉。

枣疯病的发生与枣树立地条件（光照、土层、水分）、间作物种类及管理水平等生态因子有密切关系，土壤瘠薄、管理粗放、树势衰弱的低山丘陵枣园，发病较重；土壤酸性、石灰质含量低的枣园发病重；阳坡比阴坡发病重；杂草丛生，周围有松、柏和泡桐树及间作与传病昆虫有相同寄主作物的枣园发病重；管理水平高的平原沙地和盐碱地枣园发病轻。

一、枣疯病的传播途径

我国对枣疯病的传播途径早有研究（翁心桐等，1962；王焯等，1981；陈子文，1984、1991），现已证明枣疯病在自然条件下可以通过根蘖、昆虫以及菟丝子途径进行传播，人为条件下可以通过各种嫁接方法进行传播，但汁液摩擦不能传病，花粉和种子不能传病（周佩珍，1986），根的自然靠近和贴紧不能传病，土壤也不传病。

（一）嫁接和苗木传病

不论以病树为砧木或接穗进行芽接、切接、皮接（包括以根皮皮接）或根接，只要嫁接成活，都能传病（翁心桐等，1962；王焯等，1981；陈子文，1984）。近年来，各枣区间的远距离引种越来越频繁，由于检疫不严格，通过接穗和苗木传播枣疯病的现象时有发生，成为远距离传播枣疯病的最主要途径。

笔者1998年开始，曾重复两年比较了在重病树上高接鉴定种质和健康树嫁接病皮两种嫁接方法的传染强度。试验表明，在重病树上高接待鉴定种质材料的选择强度明显大于嫁接病皮的选择强度。所以在重疯树上高接被鉴定种质更能高效筛选对枣疯病高抗及免疫的种质材料（赵锦等，2006）。

（二）根蘖传病

传统的根蘖繁殖方法，只要母株根系带病，一般其根蘖苗也会染病，这主要是植原体容易在根系存活并繁殖的缘故。

据林开金等调查（1987），利用根蘖苗自然繁殖的根蘖树即子母树，枣疯病害重，而单株栽植的枣园枣疯病害轻。如山东省长清县万德公社一枣园，为1959 年前后利用野生资源酸枣嫁接的大枣，由于酸枣根连根，一株疯串连几株疯，加剧了病害的流行危害，病株率高达 77.21%。另外，山东省邹县灰埠大队枣园由于自然繁殖的根蘖树较多，枣疯病病株率达 25.42%；相反，尚兰、岔河两大队枣园，枣树零散分布在甘薯地里，相互间隔，自然繁殖的根蘖树少，枣疯病发病轻，病株率仅分别为 2.51% 和 3.59%。两种繁殖方式下枣疯病的病株率相差 6～9 倍。

2002 年，田国忠等调查了陕西省清涧县的各重病枣园，不同树龄的母、子树先后发病（包括母、子根系相连和母树断根长出的根蘖苗两种类型）所占比例很高。大量的断根萌生的根蘖苗即表现为典型的全株丛枝症状。在以根蘖苗繁殖方式为主的枣园，病树多呈团簇状分布，病株数少至几株，多至几十株，其间仍有少数尚未发病的健株存在。在对该县北山里村约 2m 距离的两株病树进行挖根调查发现，其根系相连，为典型的母、子传病类型。以根蘖繁殖为主的其他枣疯病发生区，同样也大量存在此传播方式。

（三）昆虫传病

现在认为，叶蝉类昆虫传病是枣疯病近距离传播的最主要途径。

早在 1956—1958 年和 1960—1963 年，陈子文等（1984）曾先后用 33 种昆虫及枣红蜘蛛等进行传病实验，均未获得成功。20 世纪 60 年代初，韩国的洪淳祐注意到枣疯病可通过昆虫传播。随后金钟镇等进一步证实了媒介昆虫的大发生是导致枣疯病爆发的重要原因。70 年代末、80 年代初，La Y.J. 对发生枣疯病的枣园中的各种昆虫进行了详细的调查研究，发现凹缘菱纹叶蝉［*Hishimonus sellatus* Uhler.（RLH）］是韩国最主要的枣疯病媒介昆虫，同时指出该昆虫可在 *Vincarosea*、胡萝卜、芹菜、茄子、蛇麻草、*Calystergia japonica*、*Humulus japonica*、*Astragalus sinicus*、白花苜蓿、红花苜蓿等植物上存活 30d 以上。

1980—1981 年，陈子文等（1984）对栖息在枣树上的昆虫种类进行了系统调查，发现在枣树上活动为害的刺吸式口器昆虫主要是叶蝉类，先后收集到 30 种，而且栖息在疯枣树上的叶蝉数量比健树上的更多。因此，他们选用枣树上常见的 11 种叶蝉做虫传试验，其中包括凹缘菱文叶蝉（*Hishimonus sellatus* Uhler.）、橙带拟菱纹叶蝉（*Hishimonoides aurifaciales* Kuoh.）、红闪小叶蝉（*Typlilocyba* sp.）、电光叶蝉（*Seltocephlus dorsalis* Motschur）等，试验结果表明，凹缘菱纹叶蝉、红闪小叶蝉、橙带拟菱纹叶蝉均能传播枣疯病，以凹缘菱纹叶蝉、橙带拟菱纹叶蝉的传病力较强。王焯等（1984）则证明中华拟菱纹叶蝉（*H. chinensis* Anufriev）也传播枣疯病。

（四）菟丝子传病

菟丝子是一种寄生性植物，当菟丝子寄生植物后，其维管束系统和寄主植物的维管相连，菟丝子起到了一个纽带作用，可以将植原体通过菟丝子的维管束进入健康植株。

（五）不能传播枣疯病的途径

自 1956 年开始，翁心桐等（1962）、陈子文等（1984）、周佩珍等（1986）先后进行了枣疯病传病途径研究。经过十多年的试验，证明了下列途径不能传病。

汁液磨擦接种：将枣疯病叶匀浆，在健康的枣树根蘖苗上，以金刚砂磨擦接种共 16 株，1956—1958 年观察未见发病，以后又曾多次重复证明，用病树汁液磨擦接种不能传病。

花粉：采枣疯树上的花药，置于干燥器中干燥后取花粉，授粉于健枣苗已开放的花朵上，2d 后重复授粉 1 次。同一试材于 1956—1957 两年均重复授粉。1956—1958 年观察未见发病。

种子：采枣疯病病树上的枣果，取种仁播种，得 700 余株实生枣苗，1956—1958 年观察未见发病，说明病树种子不能传病。周佩珍等（1986）用患枣疯病的酸枣种子进行播种，获得 135 株实生苗，观察 3 年均未见发病，且进行病原检测，未见病原存在，也证明种子不能传播枣疯病。

根系间的自然接触：取病、健根蘖苗各 40 株，在河北省昌黎果树研究所院内与生产枣林隔离处，按株行距各 66cm，病、健苗相间栽植共 10 行。其后 2 年间，病树有死去者即时补植健苗，并以皮接法接种使之发病。株行间翻土、施肥促其根系接触，地上部分经常喷药防虫，经 12 年（1956—1968）连续观察，疯树已全部病死，健苗已成林，未见发病，说明枣疯病不能通过根的自然接触而传病。

土壤：在刨去病株的每个树穴中，不清除残根，并填入大量枣疯树枝叶，栽入 3～4 年生健枣苗 3 株，计 7 穴共 21 株枣苗，经过 9 年（1956—1965）的连续观察，枣苗已成树，并正常结果。但未见发病，说明刨去疯枣树后立即补植健枣苗，也不会通过土壤传病。

二、传病昆虫及其生物学

现已证明，枣疯病主要的传播媒介是昆虫传病，而凹缘菱纹叶蝉、红闪小叶蝉和橙带拟菱纹叶蝉被认为是主要的传病昆虫。田国忠（1998）报道，在广西发现的片突菱纹叶蝉也可传播枣疯病。

（一）凹缘菱纹叶蝉（*Hishmonus sellatus* Uhler.）

凹缘菱纹叶蝉属同翅目、叶蝉科、菱纹叶蝉属。孙淑梅、张凤舞、田旭东（1988）报道了凹缘菱纹叶蝉的生物学及其防治方法。

1. 形态特征

（1）成虫　雌成虫体长 2.9～3.3mm，至翅端长 3.9～4.4mm；雄成虫体长 2.6～3.0mm，至翅端长 3.8～4.0mm。头部浅黄绿色，有光泽，复眼褐色。头部与前胸背板等宽，中央略向前突出，前缘宽圆，在头冠区近前缘处有一浅横槽；头部与前胸背板均为淡黄带微绿，头冠前缘有 1 对横纹，后缘具 2 个斑点，横槽后缘又有 2 条横纹。前胸背板前缘区有一列晦暗的小斑纹，中后区晦暗，其中散布淡黄绿色小圆点，小盾板淡黄色，中线及每侧 1 条斑纹为暗褐色，在有些个体中整个小盾板色泽近于一致。前翅淡白色，散生许多深黄褐色斑，当翅合拢时合成菱形纹，其三角形纹的三角及前缘围以深黄褐色小斑纹，致使菱纹显著；翅端区浅黑褐色，其中有 4 个明显的小白圆点。胸部腹面淡黄或淡黄绿色，少数个体腹面有淡黄褐色网状纹。雄性外生殖器的阳茎端半部分二叉为宽片状，片的外缘中部显然凹入，故称凹缘菱纹叶蝉。

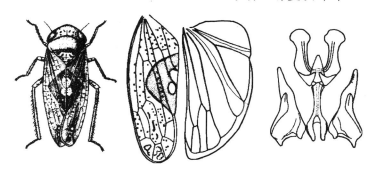

图 4-1　凹缘菱纹叶蝉

（仿李成章等，引自张雅林《中国叶蝉分类研究》，1990）

Fig. 4-1　*Hishmonus sellatus* Uhler.

(cited from Zhang Yalin, 1990)

（2）卵　长 0.7～0.8mm，横径 0.22～0.26mm，呈香蕉形，一端尖，一

端钝圆，初产时乳白色，两天后黄白色，有光泽，4d后呈光亮透明淡黄色，显出红色眼点，接近孵化时眼点变深红，卵变红色。

（3）若虫 若虫5龄。初孵1龄若虫体长0.37～0.64mm。体呈楔形，全体淡黄绿色，有不规则的褐色小突起。头大，复眼褐色。胸宽大。腹部短小，7节。足上密生褐色小点。2龄若虫体长0.9～1.0mm。头、胸部有褐色小点，全体呈褐色。腹部每节两侧各有1个白色刚毛突，腹下黄色。3龄若虫体长1.2～1.3mm。头、胸黄绿色，头部前缘有4个并列黄绿色点成1横线；后缘有3个点，中间10个长形点，排成1条横线。腹部两侧各有1个深褐色三角形斑。4龄若虫体长1.2～1.3mm，全体浅黄色。5龄若虫体长2.2～2.7mm。浅黄色，翅芽伸达第二腹节，胸部后缘背中部两侧各有1个褐色斑点。

2. 寄主植物 根据孙淑梅、张凤舞、田旭东等（1988）的研究，凹缘菱纹叶蝉以枣树、酸枣、芝麻、月季花为嗜食植物，并在其上产卵繁殖，偶见在大豆、豇豆、绿豆、花生、苹果等植物上取食活动，后期迁飞到松、柏树上取食并越冬。

3. 年生活史 该虫1年发生3代，以成虫在枣园附近的松、柏树上越冬，间或以散产在枣树嫩皮下的卵越冬。成虫由8月下旬开始从枣树上迁移到松树、柏树上越冬。9月中旬为迁移盛期，10月中旬达到高峰。

越冬成虫于4月中旬到5月中旬，即枣树萌芽时，开始由松、柏树上陆续迁飞到枣树上取食并产卵，产卵盛期在5月中旬至6月中旬，5月中旬孵化若虫（越冬卵4月下旬孵化）。6～7月枣树上虫口密度小，8月上旬至9月下旬虫口密度大，10月初日趋减少。

第一、二、三代成虫期依次为5月末、7月上旬及8月中旬开始羽化。

4. 生活习性 该虫成虫喜栖于枣头的幼嫩部分取食，性活泼，受惊扰立即移动，飞到空中。中午阳光照射下极为活泼。成虫有趋光性。第一、二代成虫交尾前期5～6d，产卵前期1～2d。成虫将卵产于幼嫩枝表皮组织下，一般一处1粒。雌雄比例约为1：0.9。越冬代成虫产卵最多，逐代减少。卵在幼嫩树皮组织下，钝圆一端朝外，初产卵痕不明显，接近孵化时，卵痕稍突起，卵向孔口外伸展，先见到头部，并见到红色眼点，孵化后将卵壳带出卵痕外约1/3。卵期的长短受气温的影响较大，当气温平均达10℃时，越冬代卵开始孵化，越冬代卵期较长，第一、二代卵期差别不大，但以第一代卵孵化率较高。

若虫活泼，善跳，活动时常做横向移动，喜在幼嫩茎尖和叶片背面吸食，受惊扰时，敏捷地做横向移动，或跳跃逃逸。若虫各龄期长短不一，一般5龄龄期稍长。

5. 天敌 主要天敌有缨小蜂、赤甲黑腹微蛛、小字纹狼蛛等。

（二）橙带拟菱纹叶蝉（*Hishimonoides aurifaciales* Kuoh.）

橙带拟菱纹叶蝉属同翅目、叶蝉科、拟菱纹叶蝉属，又名红头菱纹叶蝉，为杂食性害虫，常在枣树上及酸枣树上栖息为害。孙淑梅、张凤舞、田旭东等（1985）曾对其生物学特性进行观察。

1. 形态特征

（1）成虫　雌成虫体长 3.5～3.9mm，至翅端长 4.6～4.9mm，雄虫体长 3.0～3.5mm，至翅端长 3.6～4.1mm。头部淡黄褐色，头冠的前缘与后缘各有 1 条白线，前缘冠缝两侧有 1 对褐色小点。复眼褐色，第三代成虫复眼红色。前胸背板比头顶色深，散生黄褐色小点。小盾板淡黄褐色。前翅清白色，半透明，翅脉黄褐色，翅脉间有许多短小黄褐色纹，翅端暗褐色，两翅合拢时中央有很多小斑点形成一个菱形黄褐色斑纹，在菱形斑中间有一个呈"众"字形排列的青白色斑纹。后翅透明，翅脉褐色。胸、腹部黄褐色，产卵器茶褐色。代别及不同个体间有差异。

（2）卵　长椭圆形，略弯曲，一端稍尖，一端钝圆，长径 1.31mm，横径 0.43mm。初产时乳白色，半透明，4～5d 后变黄色，出现眼点。

（3）若虫　初孵若虫体长 0.81～0.92mm，若虫期蜕 4 次皮，每次蜕皮后全体淡黄色，头部黄白色，数小时后逐渐显现出褐黄色小斑点，由浅渐深。

2. 年生活史　橙带拟菱纹叶蝉一年发生 3 代，以卵在刚木栓化的枣枝表皮下越冬。翌年 4 月末孵化若虫，5 月下旬出现第一代成虫，6 月下旬第二代若虫孵化，7 月中旬第二代成虫羽化，8 月下旬第三代成虫羽化，9 月下旬产卵越冬。

3. 生活历期　橙带拟菱纹叶蝉第一、二代卵孵化率为 95%～100%，越冬卵的孵化率仅 13.62%。温度对卵期影响明显。成虫产卵量较大，平均每头成虫产卵 103.96 粒。日产卵量 0～12 粒，平均 4.75 粒。三代成虫寿命以第一代最短，第三代最长。雌成虫较雄成虫寿命长 8～16d。若虫龄期随温度升高而缩短，第二代时由于当时温度升高若虫期较第一代缩短了 13d，且各龄期较整齐，第三代较第二代延了 7.7d。

4. 生活习性　该虫成虫喜静伏于叶片正面或幼嫩部分吸食，成虫活泼，有趋光性，成虫羽化后经 2～3d 补充营养即交尾，交尾后 1～2d 产卵，第三代成虫羽化后需要 8～10d 交尾，交尾后 5～10d 产卵。3 代成虫的雌雄比例分别为 1∶0.9、1∶0.7 和 1∶0.8。

卵单粒散产，第一、二代均产卵在幼嫩茎及叶片的主脉上，而侧脉较少，第三代成虫将卵产在半木质化的枣头表皮下以备越冬。产卵痕稍弯曲，弯曲部分隆起。

若虫活泼，喜静伏于幼嫩茎上及叶片上吸食，静伏时尾部经常翘起。若虫大部分在叶片背面蜕皮。

5. 天敌 橙带拟菱纹叶蝉天敌较多，对虫口密度影响较大的天敌主要有虫体寄生蜂、白僵菌（*Beauveria bassiana* Bals）及各种蜘蛛。

（三）红闪小叶蝉（*Typhlocyba* sp.）

1. 形态特征

（1）成虫 体狭长美观，雌虫体长 1.66～2.66mm，雄虫体长 2.25～2.38mm，复眼污白色，越冬态复眼为黑褐色。成虫初羽化时有两种颜色，即污白色或微黄色，两天后则变黄白色。头部色较黄，后唇基部橘黄色，前胸背板的前缘及小盾片的两个前角为褐黄色。前翅长方形，黄白色半透明，后翅白色透明，有明显翅瓣、臀褶。成虫静止时从头的前缘至后缘沿着头缝的两侧各有一条红色纵纹，头缝处有断续黄白色条纹，下接前胸背板红色斑纹，近前缘斑纹中间有一微黄白色不很明显的"小"字形红色斑纹。初羽化时花纹浅黄色，两天后变红色（第一代有少部分花纹为黄色，越冬态花纹更明显）。

（2）卵 乳白色，长椭圆形。长径 0.48～0.68mm，宽 0.16～0.19mm。

（3）若虫 若虫期 5 龄，初孵若虫体长 0.5～0.61mm，老龄若虫 1.94～2.27mm。若虫期体污白色，半透明，用肉眼可见到内脏蠕动。体近似长方形，头、胸及腹部前 3 节呈长方形，尾部钝尖，呈楔形，体扁平。

2. 年生活史 一年发生两代，以成虫在枣树下及枣林附近的杂草丛中越冬，翌年 5 月初枣芽萌发后开始上枣树产卵、取食。5 月下旬至 6 月上、中旬为产卵盛期，5 月下旬至 7 月为若虫发生期，6 月下旬至 8 月为第一代成虫发生期，8 月上、中旬为第一代成虫产卵盛期，8 月中、下旬至 9 月上、中旬为若虫发生盛期，8 月下旬第二代成虫开始羽化并准备越冬。

3. 生活习性 成虫喜于叶背吸食、静伏，成虫活泼，飞跃快。

若虫在叶背取食，不活泼，一旦受到外界触动，立即躲避，且行动敏捷，若虫期会爬行，而且多是横向爬行。第一代若虫期 18.1d，第二代 16.6d。

（四）中国拟菱纹叶蝉（*Hishimonides chinensis* Anufriev）

中国拟菱纹叶蝉又称中华拟菱纹叶蝉，根据王焯等（1984）的研究结果，中国拟菱纹叶蝉寄主范围很窄，除已知的枣树和酸枣树外，对枣园内或附近的10 种植物进行饲养观察，结果发现其只能在榆树上繁衍后代，故榆树为天然寄主之一。另外，尚能在毛泡桐、桑树和刺槐上短期取食。在河北、河南、山东、山西、辽宁等省都有分布。

1. 形态特征

（1）成虫　雄体长 3.0～3.2mm，至翅端 4.0～4.2mm；雌体长 3.5～4.0mm，至翅端 4.5～4.8mm。复眼暗红色。头部淡黄色，头冠前缘具两个近三角形橙黄小斑，其后具 3 块同色横向相连的楔形大斑；前胸背板暗褐，沿前缘呈橙黄色；小盾片亦橙黄色，二基侧角及端部各具黄褐大斑 1 块；前翅底色青白，沿左右翅后缘三角斑合并成暗褐菱形大斑，即菱纹，纹中有明显葫芦状白斑，斑内各具两个横排黑点，翅端缘暗褐（图 4-2），后足第一附节内侧端部黑色。雄性生殖器（图 4-2），阳基侧突长大，远超过阳茎端叉端部。阳茎基 Y 形，粗短，端部膨大呈三角形；阳茎端叉较短而向背方扭曲，性孔开口于末端，其下生 2 对腹侧突，第一对宽扁，左右分开呈八字形，其上各具一骨化很强的三角突；第二对细长，彼此平行且紧密靠接，似为一体，为最明显的特征。雌性第二产卵瓣软宽扁，骨化较弱，上缘齿为双序每排由 3～7 个组成。

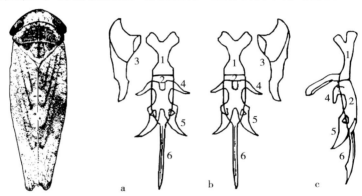

图 4-2　中国拟菱纹叶蝉及其雄性外生殖器（引自王焯，1984）

a. 背面　b. 腹面　c. 侧面　1. 阳茎基　2. 阳茎端　3. 阳基侧突

4. 阳茎端叉　5. 第一对腹侧突　6. 第二对腹侧突

Fig. 4-2　*Hishimonides chinensis* Anufriev and its male

genitalia（from Wang Zhuo，1984）

a. dorsum　b. venter　c. lateral　1. base of aedeagus　2. aedaeagus

3. paramera　4. forked aedeagus　5. the first paramera　6. the second paramera

（2）卵　长约 1.2mm，宽约 0.4mm。乳白色，似弯月，但前端较钝圆。

（3）若虫　共分 5 龄。其 1～5 龄体长分别为 1～1.2mm、1.5～1.7mm、2～2.5mm、2.7～3mm、3.5mm 以上。1 龄若虫老化时，全体布淡紫纹，后胸背面具两个凹陷向中线相对的肾状纹；2 龄若虫后胸背面纹已不呈肾状，3 龄若虫翅芽初现轮廓，仅达第二腹节前缘；4 龄若虫体宽短，翅芽明显伸达第四腹节前缘；5 龄若虫翅芽更长大，自腹末可辨雌雄，雌第七腹板似开启书本状，雄呈模糊横列双环形。

2. 年生活史 根据王焯等在山东泰安的田间定期调查并配合室内饲养观察，中国拟菱纹叶蝉一年发生4代，但第四代只局部发生。以卵越冬，散产在枣树一、二年生枝条上或酸枣树上，越冬卵期约232d。越冬卵当枣树露芽时即开始孵化（4月下旬初），2～3d即达盛期，孵化期集中而整齐，第一代若虫及成虫也相应整齐；6月中旬自第二代成虫开始与第一代成虫后期部分交错，以后数代交错更加严重。第三代成虫8月底前所产之卵尚能孵化（产生第四代），一直延续到9月下旬初止，其余之卵则停止孵化而进入越冬。分析原因与气温密切相关，旬平均气温低于23℃时，则不再孵化。

3. 生活习性 卵孵化率以第一代为高，第三代当年仅局部孵化；卵期除越冬卵外，各代差异不大，但以第二代为最短。绝大多数为5龄，个别的为4或6龄，但4龄者最后一龄生活天数往往相对的延长。第一、三代寿命普遍较长，第二代的发生值盛夏季节，寿命较短；第四代田间成虫可存活到11月中旬。每代成虫发生过程都是初期雄者居多，末期雌者居多，中期二者接近，但一生中雌雄总比还是接近1：1。成虫寿命雌者约50d，最长达77d。雌虫产卵历期与其寿命接近，由于时间的拖长，这便造成了后两个世代的严重交错重叠，单雌产卵量可达400粒以上。

除越冬卵散产于枣树及酸枣树上外，夏卵亦产枝条上，但亦可散产于叶片主脉上。卵产于表皮组织下，卵痕明显而稍突出。将孵化时，在钝端出现红色眼点。

第一代雌虫产卵量最高，以后逐代递减。各代成虫交尾前期为3～4d。雌虫产卵前期为5～6d。成虫在田间分布很不均匀，传病力却很强，在2～3年生根蘖枣苗（高0.5～1m）上，只5头便可传病。一般散栖在较新鲜疯树上或散生酸枣树株上，6月间易捕到。成虫飞翔力不强，受惊扰时，往往在近空飞绕一周，再落于原栖点附近。

据王焯等1980年分代接种饲病成虫传病试验，植网室内持续观察两年，只有第一代饲病7d者传病。所以抓住第一代若虫期的防治是控制枣疯病发生的关键环节。

4. 天敌 王焯等仅对捕食性天敌进行了初步调查试验，发现取食卵及幼龄若虫者有小花蝽和大眼蝉长蝽两种，捕食若虫者有日本大黑蚁、三突花蟹蛛、斜纹花蟹蛛和圆花叶蛛4种。

三、枣疯病发生与生态条件的关系

大量的田间调查结果表明，枣疯病发生与枣树立地条件（光照、土层、水分）、间作物的种类及管理水平等因子有密切关系。据林开金（1987）、任国兰

（1993）、常经武（1995）及田国忠（2002）等报道，土壤瘠薄、管理粗放、树势衰弱的低山丘陵枣园，发病较重；杂草丛生，周围有松、柏和泡桐树及间作小麦、玉米的枣园发病重；土壤酸性、石灰质含量低的枣园发病重；利用根蘖苗自然繁殖的根蘖树（子母树）发病重，而单株栽植的枣园发病轻；阳坡比阴坡发病重，海拔50m以下、500m以上的枣园发病较轻；管理水平高的平原沙地枣园发病轻。

　　枣疯病的潜伏期长短不一，最短的只有25d，长的则可超过1年。潜伏期的长短受多种因素的影响，如染病时期、品种间的抗病性差异、树龄和树体状态、田间肥水管理及修剪情况等。一般情况下，抗病品种、树龄大、肥水条件好、修剪适度的潜育期长；春季通过嫁接或叶蝉传染的树当年就有可能发病，而夏季传染的通常要到第二年才表现症状。

（一）坡向

　　林开金等（1987）对坡向与枣疯病的关系进行了调查。结果表明，窝风向阳的阳坡枣园，枣疯病病害重；反之，风口背阴的阴坡枣园，枣疯病病害轻。例如北京市房山县沱里公社北车营大队大北沟生产队，位于青龙陀山脚下，窝风向阳处病株率为34.83%，而与其对面山的阴坡枣园病株率仅3.24%，阴、阳两坡病株率相差10倍左右。又如山东省曲阜县吴村公社红山大队，地处西寨山脚下，窝风向阳枣园的平均病株率为36.37%，其中严重的西带高达74.63%；相反，西寨山背面的东南坡（阴坡），宁阳县葛石公社周家庄、黄家峪两大队，枣园的土壤、海拔、品种等条件与红山大队相同，但由于地处阴坡枣疯发病轻，病株率分别为2.09%和2.77%。一山的两坡枣疯病株率相差12倍之多。

（二）海拔

　　从林开金等（1987）的调查情况来看，枣疯病集中发生于海拔50～500m间的低山丘陵地区，海拔50m以下和500m以上的地区，枣疯病较轻或者没有。例如海拔50米以下的山东省巨野等地枣疯病病害轻，病株率为0～0.28%；海拔500m以上的山西省五台、交城、太原、山阴、保德，河北省的蔚县、怀来、涿鹿、崇礼等县枣园，枣疯病病害轻，病株率为0～4.06%；而在海拔50～500m间的地区，如北京市昌平、密云、房山、平谷，山东省的长清、邹县、曲阜，山西省的运城等县枣园，枣疯病病害重，病株率为11.41%～77.21%。焦荣斌（2001）也认为海拔500m以上的枣园发病轻。

（三）土壤

　　据林开金等（1987）的调查结果，枣园土壤碱性石灰质含量高，枣疯病病害轻，枣园土壤酸性石灰质含量低或没有，枣疯病病害重。例如山东省的巨野、东阿、乐陵，河北省的沧州等县（市）枣园土壤碱性石灰质含量高（pH7.3～8，石灰质含量5％以上），枣疯病发病少，病株率为0～0.39％；相反，山东省的曲阜、长清、邹县，北京市的密云、房山、昌平等县枣园，土壤酸性石灰质含量低或者没有（pH5.5～7，石灰质含量0～1％），枣疯病发病重，病株率为14.81％～77.21％。两类不同土壤条件的枣园，枣疯病病株率相差悬殊。又如密云金丝小枣在当地土壤微酸性石灰质含量少的条件下，枣疯病病害重，但是移栽到百余里远的通县垮店公社武窑大队，因该地区土壤碱性石灰质含量高，未见枣疯病发生。

（四）间作物

张凤舞等（1986）对枣疯病的发生与枣园间作物的关系进行了调查。结果表明，芝麻是凹缘菱纹叶蝉嗜食的寄主植物之一，不但有诱集作用，而且叶蝉在其上大量滋生。芝麻收获后，叶蝉就飞集枣树上为害，既增加了当年的传病几率，也使更多的越冬成虫带菌。林开金等（1987）对山西省运城县枣园间作物进行了调查，发现间种苜蓿枣疯病病株率为7.02％～37.13％，而间种小麦的枣疯病病株率为2.97％～17.99％，两种不同间作物的枣园，枣疯病病株率相差1倍多。任国兰等（1993）也曾发现间作物种类对枣疯病发生有一定影响，与小麦、玉米间作的水浇地枣园发病率高，为14.4％，与花生、红薯间作的沙岗旱地枣园发病率低，为3.6％。由此认为与小麦、玉米间作的水浇地枣园发病率高的原因是间作物种类和水浇条件有利于传病昆虫的繁殖和取食。由以上结果可以看出，选择适宜的间作物，是不容忽视的。

（五）周围植被

周围植被对枣疯病的发生也有很大影响。任国兰等（1993）发现，在重病枣园，枣树距离侧柏林100m以外发病率低，为20.8％；100m以内发病率高，为28.5％；50m以内发病率最高，为52.2％。轻病枣园，枣树与侧柏林相距50m以外的不发病，相距30m以内的发病率高达90.6％。越靠近侧柏林，枣树染病机会越多。据田国忠等（2000）在陕西清涧县的调查也发现，枣园内或枣园周围栽种松柏树的地块枣疯病发生和危害严重，在调查的两块发病严重的地块中或附近都栽有几株几十年生的柏树。如在李家崖村前崖圪头地块上栽种有柏树，其周围约200m半径内病株率达34.3％；而在同村离柏树较远的村支书家窑洞两边枣园发病率仅为3.6％，后山坡枣园发病率为5.4％。在王家洼一地块的坡上有3株柏树，其下坡枣林1998年发病率达28％，1999年达36.7％，其中柏树下的酸枣树已有10余年的发病历史。根据这种现象推断，松柏是当地传病介体叶蝉的重要越冬场所。

（六）立地条件和管理水平

据常经武等调查（1995），枣疯病和枣树立地条件（光照、土层、水分）及管理水平有密切关系。如峡谷或沟道，土层瘠薄和多风的沙滩与梁峁，水土流失严重的陡坡、路旁、流水沟，多年失修的田埂、悬崖和峭壁，杂草丛生的园田、路边、宅旁和坟地，坝、滩淤积地以及短期承包进行掠夺式经营（如间作高粱、谷子、黑豆等）的地块，在有病源及传病昆虫的情况下，均易感病。其中，以梯田埂土壤松散倒塌后导致根系裸露的植株染病最多，如1991年在白家村查出的106株病树中，就有42株位于这种梯田边缘，约占发病总株数的39.6%，另有26株位于连年间种谷子、黑豆、高粱的承包地，15株位于土层瘠薄的沙滩、秃岭、路旁和排水沟附近，14株位于光照不足的阴坡、峡谷和沟道，9株位于杂草丛生的坟地、场边和宅旁。这些结果进一步说明立地条件差、枣树营养水平的下降是引起抗病能力减弱的主要原因。

田国忠等（2002）还调查发现离化工厂近的枣林，发病率和死株率明显增加，这与工厂曾出现过的氯气等有害废气排放导致枣树树势衰退、树体抗病性降低有直接关系。

（七）施肥

不合理的施肥对枣疯病病害的发展起明显促进作用。田国忠等（2002）调查，在陕西清涧县和安徽歙县山地栽植的枣树，普遍存在连年偏施纯氮肥（碳酸氢铵和尿素等）的问题，这可能是造成枣树营养供应不全或不足和土壤有机质不断下降而导致枣树抗病性下降的重要因素（孙曦，1997）。在安徽水东的枣园病害的扩展速度较低，可能与当地一直重视施用土杂肥，避免了偏施氮肥的管理传统不无关系。

总之，枣园生态条件和管理水平对枣疯病的发生和流行起着重要作用。分析原因主要是枣园的坡向、海拔与间作物等生态条件影响着枣树生境的温、湿度变化和树势；枣园土壤碱性石灰质含量高病害轻，主要是一般病毒类病原物怕碱，碱能钝化病毒侵染力，而钙是植物所需要的大量元素之一，是构造植物细胞壁的重要元素，钙肥能增强枣树抗病能力；而间作物和周围植被是否为传病昆虫的寄主与越冬场所非常关键；立地条件与施肥可以影响枣树的整体营养水平与抗病性等。

利用或改变生态条件控制枣疯病害的发生与流行有着重要的生产意义。如加强枣园管理、提高树体营养，可增强抗病性；建园时选择立地条件较好的位置建园；间作物和周围植被避开叶蝉类昆虫的寄主与越冬场所植物；酸性土壤的枣园可利用施用石灰，或着重在石灰质含量高的碱性土壤上发展枣树生产，以减少枣疯病病害的发生等。

〉 参考文献

[1] 常经武，梁有峰．枣疯病研究中值得注意的新问题．西北园艺．1995（2）：5～6

[2] 陈子文，张凤舞，田旭东等．枣疯病传病途径的研究．植物病理学报．1984，14（3）：141～145

[3] 洪淳祐，金钟镇．枣疯病的研究（1）——患病植物的内外形态学特征及其命名．韩国植物学会志．1960，3（1）：32～38

[4] 焦荣斌，李亚．太行山区枣疯病发生规律及防治对策．山西果树．2001（4）：28～29

[5] 金钟镇．枣疯病的研究．春川农大论文集．1968（2）：47～53

[6] 林开金，李桂秀，谷中秀等．枣疯病害生态条件的调查研究．山西果树．1987（2）：34～36

[7] 任国兰，郑铁民，陈功友等．枣疯病发病因子和防治技术研究．河南农业大学学报．1993，27（1）：67～71

[8] 孙淑梅，张凤舞，田旭东．凹缘菱纹叶蝉生物学和防治研究．植物保护学报．1988，15（3）：173～177

[9] 孙淑梅，张凤舞，田旭东等．枣疯病传病介体之一——橙带拟菱纹叶蝉的生物学特性观察．中国果树．1985（1）：42～45

[10] 孙淑梅．红闪小叶蝉的生物学特性观察．河北果树．35～36

[11] 田国忠，罗飞，张志善等．陕西清涧县枣疯病发生和危害调查及防治建议．陕西林业科技．2000（2）：46～51

[12] 田国忠．枣疯病的预防和治疗策略研究．林业科技通讯．1998（2）：14～16

[13] 王焯，周佩珍，于保文等．枣疯病媒介昆虫——中华拟菱纹叶蝉生物学和防治的研究．植物保护学报．1984，11（4）：247～252

[14] 翁心桐等．枣疯病的初步研究．中国农业科学．1962，6（1）：14～16

[15] 张雅林．中国叶蝉分类研究．西安：天则出版社，1990

[16] La Lee D. J.，Distribution of mycoplasma in witches' broom infacted jujube tissue. J. Korean For. Soc. 1984，（67）：28～30

第五章 枣疯病的病原及其检测方法

　　枣疯病的病原为植原体（Phytoplasma）。枣疯植原体具有高致死性、能降低微环境 pH、喜温（27～30℃以上）、对糖浓度适应性较广（1%～7%）、比较适合在 pH 5.8～8.2 之间生长。根据 16SrDNA 和 rp 基因序列分析，枣疯病和酸枣丛枝病的病原相同，在植原体分类上均属于榆树黄化组。

　　在不同的植原体检测方法中，组织化学方法简便、快捷、灵敏度较高、成本低，适合于进行大样本的快速检测；电镜、血清学、核酸杂交和 PCR 技术等都相对繁琐和昂贵一些，可用于精确检测。实际应用中，可主要采用 DAPI 荧光显微技术进行植原体病原的检测和分布规律等研究，在一些特殊情况下采用 PCR 技术进行精确的病原检测。

一、枣疯病的病原

（一）枣疯病病原

　　枣疯病最初认为是由类菌原体感染所引起，后来的分子生物学检测发现，类菌原体与菌原体的亲缘关系较远，类菌原体的名称容易引起误会。1994 年，在法国波尔多召开的第十届国际菌原体组织大会上类菌原体改称为植原体（Phytoplasma）。

　　笔者 2006 年对患枣疯病的婆枣（*Ziziphus jujuba* Mill. 'Pozao'）病树幼嫩茎段中的枣疯病病原进行了电镜观察，发现感染枣疯病病原的婆枣茎段和叶脉韧皮部筛管细胞中存在大量呈圆形、椭圆形及一些不规则形状的病原物，它们在韧皮部筛管中大量存在，并聚集在一起，而对照健康婆枣茎段的韧皮部筛管中未发现类似病原物（图 5-1）。侯燕平（1999）等也曾通过对枣疯病发病枝条的超微形态观察，确定枣疯病的病原体为近圆形、椭圆形以及多种不定形形态。

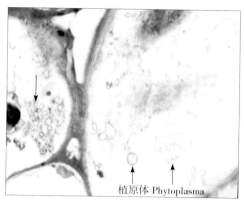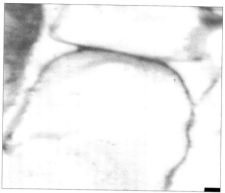

图 5-1 患枣疯病的婆枣和健康对照茎段韧皮部筛管细胞内病原观察

注：透射电镜下放大倍数为 1×20 000 倍；左：患病婆枣茎段

（病原呈圆球状及丝状等），右：健康婆枣茎段

Fig. 5-1 Phytoplasma observation in phloem from healthy and diseased stem of

Ziziphus jujuba Mill. 'Pozao'

Note：Magnification of transmission electron microscopy 1×20 000；Left：

diseased stem (Phytoplasma：circular and wirelike)；Right：healthy stem

（二）枣疯病病原的分类地位

枣疯病植原体的分类学研究主要集中在利用植原体 16SrDNA 保守性序列方面。利用 16SrDNA 序列的保守性，邱并生等曾对收集到的 20 种感染植原体的植物材料，从患病材料和相应健康植物组织中提取总 DNA，扩增植原体的 16SrDNA 片段，通过限制性酶切片段长度多态性（RFLP）分析进行分类，发现枣疯病植原体属于白蜡树黄化种（邱并生等，1998）；在 2000 年的国际植原体的分类系统中（Lee I-M，2000），JWB 植原体属于榆树黄化组 16SrV-B；2004 年，李永对我国几种木本植物的植原体进行了分子检测与鉴定，推断枣疯病（JWB）、酸枣丛枝病（WJWB）属于同一个组即榆树黄化组（16SrV）。同时对野生酸枣丛枝病和枣疯病植原体的 16SrDNA 序列和 rp 基因序列进行比较分析，认为二者应是同一病原植原体，枣树和酸枣是枣疯病植原体的两种不同寄主（图 5-2）。

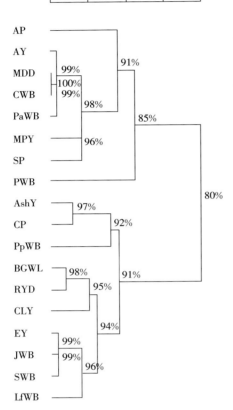

注：AP. 苹果丛枝病植原体　AshY. 桉树黄化病植原体　AY. 翠菊黄化病植原体　BgWL. 狗牙根白化病植原体　CLY. 椰子致死黄化病植原体　CWB. 苦楝丛枝病植原体　CY. 三叶草丛生植原体　EY. 榆树黄化植原体　LfWB. 丝瓜丛枝植原体　MDD. 桑树萎缩病植原病　MPV. 墨西哥长春花绿变植原体　PaWB. 泡桐丛枝植原体　PWB. 花生丛枝植原体　PpWB. 木豆丛枝病植原体　RYD. 水稻黄萎病植原体　SP. 葡萄黄化病植原体　JWB. 枣疯病植原体　SWB. 槐树丛枝病植原体

图 5 - 2　基于 18 种植物植原体 16SrDNA 片断碱基序列分析的同源进化树状图
(引自李永, 2004)

Fig. 5 - 2　Dendrogram obtained by analysis of 16SrDNA nucleotide sequence from 18 phytoplasma (from Li Yong, 2004)

Note：AP. Apple proliferation phytoplasma　AshY. Ash yellows phytoplasma　AY. Aster yellows phytoplasma　BgWL. Bermuda grass white leaf phytoplasma　CWB. Chinaberry tree witches-broom　CP. Clover proliferation phytoplasma　CLY. Coconut lethal yellowing phytoplasma　EY. Elm yellows phytoplasma　LfWB. Loofah witchesbroom phytoplasma　MPV. Mexican periwinkle virescence phytoplasma　MDD. Mulberry dwarf phytoplasma　PaWB. Paulownia witches'broom　PWB. Peanut witches'broom phytoplasma　PpWB. Pigeon pea witches'broom phytoplasma　RYD. Rice yellow dwarf phytoplasma　SP. Stolbur phytoplasma　JWB. Jujube witches'-broom phytoplasma　SWB. Sophora witches'-broom phytoplasma

二、枣疯植原体的理化特性

到目前为止，植原体还不能在人工培养基上进行分离培养。只能在电镜中观察到其形态结构及大小，致使对其本身的致病机理和生理特性仍缺乏认识。虽然有的报道获得了"煎蛋"状菌落，但由于他人无法重复其结果，而未得到公认。迄今有关植原体的理化特性尚不清楚。笔者虽然没有对枣疯植原体本身进行分离培养，但通过改变感染枣疯病组培苗的培养条件，观察病苗的生长变化，间接揭示了枣疯植原体的一些理化特性。

（一）枣疯植原体与温度

有人对感染植原体病害的桑树进行田间观察，发现春季温度低于20℃时，有低温隐症现象，黄化和丛枝症状在盛夏温度最高时急剧发生（刘秉胜等，1999；刘刚等，2006）。笔者对枣疯病病症的观察亦是如此，5、6月份表现轻微症状如花梗延长、花变叶和小叶症状，随盛夏的来临和温度逐渐升高，丛枝症状大量出现，病症加重，病原检测结果也表明此期植原体浓度较高。另据报道，植原体病害可以用热处理（50℃温水处理10～20min）、冷处理方法脱除病原、治愈病株（戴洪义等，1988；田砚亭等，1993；张锡津等，1994；刘仲健等，1999）。此外，植原体病害的介体昆虫在病株上吸食后不能立即传病，需要一个循回期（赵培宝等，2003）。而循回期的长短决定于温度的高低，最短的循回期约在30℃，10℃时会大大延长。这些研究均表明植原体在较高温度时生长、增殖更活跃。

笔者对枣疯病组培病苗在不同环境温度下的生长情况进行了对比试验。将组培苗分别放在28℃±2℃和23℃±2℃的环境中进行培养，对不同温度下的组培苗生长情况每10d调查一次。结果发现：23℃±2℃中小苗生长慢，其长势一般、丛枝形成较少；28℃±2℃中小苗生长速度快，而且长势旺盛、产生大量丛枝，症状趋于严重，说明植原体在病苗体内大量增殖。

综上所述，笔者认为植原体的增殖的确与温度有很大关系，较高温度（28～30℃）更适合枣疯植原体的增殖生长。

（二）枣疯植原体与pH

微生物在基质中生长，其代谢作用引起的物质转化可改变基质pH。例如乳酸细菌分解葡萄糖产生乳酸，酸化了基质；微生物在分解蛋白时产生氨，尿素细菌水解尿素产生氨，都可以碱化基质（李阜等，2001）。在动物支原体上的研究已证明，有些支原体代谢的终末产物为H_2O_2，也有的产生NH_3，这些产物都可导致寄主植物细胞的 pH 发生改变。

在枣疯植原体增殖过程中，是否也会产生一些酸、碱类的代谢产物，从而改变患病植株体液环境呢？笔者曾对 8 株患枣疯病植株的健叶与病叶和 8 株健株叶片的浸提液进行了 pH 测定和比较（表 5 - 1）。从表 5 - 1 可以看出，健株叶体液 pH 最高，病株上的健叶其次，而病株病叶的体液 pH 最低，三者间的差异均达到了显著水平。该结果说明，枣疯植原体的侵染导致了发病树整体体液环境的酸化，植原体侵染后或者使 H$^+$ 增加或者产生了某种代谢产物可以酸化基质，使体液 pH 下降。此结果也反映了枣疯植原体有类似于动物支原体的特性，在生长增殖过程中会产生某些酸类物质，从而降低周围环境的 pH，进而影响细胞的生理生化过程，造成代谢紊乱。由于本试验清水介质 pH 偏低（5.52），且植物体内汁液是用一定量的水稀释后测定其 pH，所以不是其准确值，只能进行定性分析。枣疯植原体酸化基质的作用方式和程度有待于进一步研究。

表 5 - 1　同一病株的病叶和健叶与健株叶片体液 pH 的比较

Table 5 - 1　Comparison of sap pH between leaves from healthy and diseased trees

树　号 No.	处理 Treats		
	健株叶片 Healthy leaves of health trees	病株健叶 Healthy leaves of diseased trees	病株病叶 Diseased leaves of diseased trees
1	6.15	6.07	5.80
2	6.11	6.01	5.78
3	6.12	6.03	5.76
4	6.18	6.07	5.77
5	6.13	6.02	5.81
6	6.08	6.04	5.80
7	6.20	6.02	5.78
8	6.18	6.01	5.76
平均值 Average	6.14a	6.03b	5.78c

张景宁等对苦楝蔟顶病植原体的研究也曾发现，培养 6d 后液体 pH 比原来降低 1 左右。他们认为这是由于植原体生长消耗营养物质，吸收大量盐基离子，使 H$^+$ 含量相对增加所致（刘仲健等，1999）。

动物支原体 pH 适应性一般较广，但依种类不同而异。笔者注意到，在 pH 5.8～8.2 培养基中组培病苗都可检测到大量植原体，说明枣疯植原体的 pH 适应性也很强。

（三）枣疯植原体与蔗糖浓度

枣疯植原体在田间的主要传播途径是通过昆虫刺吸韧皮部传播，因为韧皮部是糖的主要运输部位，而糖是植物体内主要的营养源和渗透剂。笔者进行了培养基中不同蔗糖浓度梯度比较，共设 0、1%、3%、5% 和 7% 5 个处理。结果表明，在不同糖浓度的条件下病苗均能正常生长，其中以 3% 最好，其次为 1%、5%、0，最后是 7%。该结果表明，枣疯植原体对糖浓度的耐受能力很广，为枣疯植原体能在一年四季糖水平变化很大的韧皮部长期生存和繁殖提供了理论依据。

在不同糖浓度下，植物细胞的渗透压也随之改变。寄生在植株体内的植原体必须根据环境的渗透压变化通过单位膜的膨缩改变自身的体积以调节体内渗透压，保持体内外平衡。所以植原体的形态特点（无细胞壁、只有脆弱的单位膜，使其形态具有多型性）正是适应环境的结果。反过来植原体的这一形态特点也解释了植原体为什么对糖浓度适应范围很广的原因。

综上所述，枣疯植原体能降低环境 pH、喜温（27～30℃）、对糖浓度适应性较广（1%～7%）、适合在环境 pH 5.8～8.2 之间生长。

三、植原体的检测方法

植原体病害是一类传染性极强的植物病害，因而及早发现并采取相应措施，对该类病害的防治具有重要意义。植原体的检测是研究和防治植原体病害的技术基础。植原体不像真菌、细菌那样容易培养，又不像病毒易于提纯，因此其检测的难度较大。在很长一段时期，植原体的检测主要依靠生物学测定（表观症状诊断、嫁接传病等）、电镜检查和抗菌素实验相结合，既费时、费工，又不能区别各类植原体。最近十几年，由于新技术的出现，在植原体鉴定、检测技术方面取得了重大的突破。

（一）表观症状诊断

症状是有病植物在形态上或解剖上表现的不正常的特征，可以作为诊断病害的重要依据之一。

植原体病害的症状主要表现为植株矮化、黄化或叶片变红、花变叶、花变绿、丛枝和丛根、节间缩短、增生，并使植株衰退和死亡。除了这些常见症状外，有些植原体病害还在植物的其他部位引起特定的病变，这些特定的症状对病害诊断更有价值。宋晓斌等以种根颜色、种根表面纹路和种根失水情况为指标检测泡桐丛枝病，准确率达到 100%（宋晓斌等，1995）。此外，根据植原体对四环素敏感而对青霉素不敏感的特性，用四环素处理病株能抑制病害症状发展的方法，来进行辅助诊断（庞辉、郭晓英，2000）。由于植物病害症状的复杂性和不稳定性，利用症状的诊断只能是初步的。而且，植物植原体与有些病毒引起的某些症状十分相似，难以区分。所以，根据症状诊断植物植原体病害时，应十分慎重，最好进一步进行组织化学、血清学和PCR等技术检测。

枣疯病的地上部表观症状依据病情严重程度主要有叶片黄化、花梗延长、花变叶、小叶及短缩丛枝等症状，根部主要表现为丛根（见第三章）。这些表观症状在枣树植株上表现非常典型，除了叶片黄化以外，其他症状非常容易识别，可以直接进行病情诊断。枣疯病的表观症状诊断简单、方便，而且比较准确，所以在生产中应用最广泛。

（二）电子显微技术鉴定

电子显微技术一直是鉴定新病原不可缺少的手段。20世纪70年代，我国和韩国的一些学者就将透射电镜技术应用于枣疯病病原鉴定（Yi C.K.，La Y.J.，1973；陈作义等，1978）。1984年，史春霖等用冰冻断裂枣树韧皮部组织，在扫描电镜下观察到枣疯病病原植原体（史春霖等，1984）。扫描电镜可以观察植原体的表面形态和大小，制样较容易，能迅速检查大量组织，但其分辨率不及透射电镜。透射电镜可以用来观察植原体的负染和超薄切片样品，已有用磷钨酸或铜酸铵负染翠菊黄化病、葡萄黄化病植原体的报道，但负染法仅适用于纯化植原体的检查，而且寄主细胞线粒体等杂质常干扰结果的判定。超薄切片则可以检查病组织和介体昆虫体内的植原体。1980年，Waters等应用改进的超薄切片技术，通过病组织的连续切片重构，得到了植原体完整的立体结构，发现植原体为多枝形态。植原体常沿筛管长轴呈线状排列，因而筛管被横切时，所观察到的植原体形态多为圆形、卵圆形、哑铃形等。

电镜技术的应用对植原体的检测和鉴定及分类等基础研究中具有重要价值，但在实际生产中应用很少。

（三）组织化学技术

植原体形体很小，普通光学显微镜一般很难观察到。而1983年，Lee等用纤维素酶和果胶酶部分降解感染植原体的长春花维管组织，分离出植原体侵染的筛管分子，未经固定或染色而直接用暗视野显微镜在半降解的筛管中观察到植原体，在梨衰退病、翠菊黄化病、马铃薯巨芽病病组织的筛管中也观察到植原体。从理论上，暗视野显微镜能够检查纯化的植原体样品，但由于植原体形态与寄主细胞器和杂质非常相似，观察效果并不理想。组织化学技术是充分利用光学显微镜检查植物和介体昆虫内植原体存在的有效手段，而且可以进行病原的组织定位和定量。

1973年，Hiruki等报道了苯胺蓝染色在诊断植原体侵染一种檀香植物中的应用价值（Hiruki C.，1973）。1976年，Seemiiller证明了DAPI（4,6-二脒基-2-苯基吲哚）能有效地诊断植原体在梨树和苹果树中的存在（Seemiiller E.，1976）。1985年，Bak W.C.证明DAPI、苯胺蓝和阿的平三种荧光素可用于枣疯病病原植原体的快速检测，其中以DAPI效果最好（Bak W.C.，La Y.J.，1992）。这类染料能特异地与植原体DNA相结合，而在荧光显微镜下发出很强的植原体荧光，有较高的灵敏度和专化性，故近年来在植原体的检测中得以广泛应用，如苹果簇叶病、梨衰退病、桃X病、翠菊黄化病、白蜡黄化病、枣疯病、泡桐丛枝病等都有相关报道（Shaper U.，1985；朱澄，1986；朱澄等，1991；金开璇等，1989；王秀伶等，1999）。

相对而言，组织化学方法与表观症状诊断相比更能准确反映组织器官中的病原数量，科学性更高；与电镜技术相比操作步骤更简单、快捷。所以，此方法是生产和研究中最常用的鉴定方法，基础研究中应用比较广泛。

具体检测方法如下：

（1）材料固定　试材离体后立即固定在5％戊二醛溶液中。如果不能及时进行荧光显微观察，先放入4℃冰箱中保存。

（2）切片　试材从固定液中取出后用自来水冲洗干净。组培苗及田间采集的枣头、枣吊、叶柄、叶主脉、花梗等幼嫩组织可用锋利刀片迅速切成厚薄均匀的切片；田间多年生枝条、根、枣股及树干皮等老硬组织则需要用滑走切片机切成厚约30μm的均匀切片。

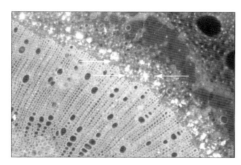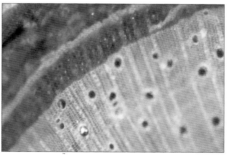

图5-3　患枣疯病的婆枣和健康对照茎段韧皮部病原荧光观察
左：患病婆枣茎段（韧皮部有较多荧光亮点）；右：健康婆枣茎段

Fig.5-3　Phytoplasma observation in phloem from healthy and diseased stem of
Ziziphus jujuba Mill. 'Pozao'
Left：diseased stem (Large amounts of fluorescent spots in phloem)；Right：healthy stem

（3）DAPI 染色　用 0.1mol/L 磷酸缓冲液（pH 7.0）将 DAPI 稀释成浓度为 1.0μg/ml 溶液，从切好的切片中挑取厚薄均匀且结构完整的切片 15～20 片，置于 DAPI 染色剂中染色。

（4）荧光显微观察　经染色的切片置于 BH2‐RFL‐T3 落射式 Olympus 万能显微镜下镜检，每试材至少镜检 15 片。阻断滤光片波长为 420nm。切片不分大小，在显微镜下，WU（紫光）激发，改变视野对各部分进行观察，并照相（图 5‐3）。

（四）血清学方法

血清学技术起源于人类对免疫现象的发现。血清学方法要发挥作用，必须解决两个关键问题：一是获得高纯度和高浓度的植原体抗原；二是制备出高效价和特异性强的抗体。自从 1974 年 Sinha 等首次尝试从染病植株中提纯植原体制备抗血清，20 多年来植原体的血清学研究取得了许多进展。已经用于植原体检测鉴定的血清学方法包括琼脂双扩散、酶联免疫吸附测定（ELISA）、点免疫测定（Dot blotting）、荧光免疫及免疫电镜技术等，涉及到翠菊黄化病、桃 X 病和花生丛枝病等众多植原体病害。

要获得理想的植原体抗原，一是要找到适于植原体繁殖和提纯的繁殖材料，已知的草本植物如长春花、莴苣及介体昆虫等都能作为抗原提取材料；二是有合适的抽提缓冲液；三是由于植原体的大小、形态与植物线粒体等细胞器相似，差速离心很难将植原体与这些杂质分开，因而常需要用活性炭、硅藻土吸附，柱层析、密度梯度离心及凝胶电泳等分离技术进一步纯化抗原。获得纯化的抗原首先要分离植原体，自从植原体发现以来，它的分离培养一直很难，许多研究者采用了多种方法试图从病植物体内直接提纯植原体，但由于植株体内植原体含量低、大小不均一、又易与植物相似组织混淆等特点，结果多不理想。后来，采用将木本植物的植原体先转到草本植物寄主上富集，然后再分离纯化的方法，取得较好效果。1989 年，蒋永平等人采用 Percoll（一种聚乙吡咯烷包被的硅胶）密度梯度离心，提纯紫菀黄化病病原植原体，得到部分纯化和完整的植原体菌体（Jiang Y. P.，1989）。1991 年，郭永红等人采用酶处理，结合二次 Percoll 密度梯度离心，成功提纯了玉米丝矮病（MBS）植原体（郭永红等，1991）。

由于植原体的纯化尚存在许多问题，用部分纯化的植原体制备的抗血清进行血清学反应，常存在血清学效价低、特异性差及交互反应等缺点。植原体单克隆抗体的制备成功克服了这些缺点，使植原体血清学更为实用。1985 年，Lin 等成功制备了翠菊黄化病植原体单克隆抗体。1989 年，Garnies 等制备了番茄僵顶病病原植原体的单克隆抗体，经检测与其他几种植物的植原体病害无血清学关系。1993 年，林木兰等在泡桐丛枝病（林木兰等，1993）、Chen 等在甘薯丛枝病中都成功制备了植原体的单克隆抗体（Chen W. C. et al.，1993）。韩国安等利用抗枣疯病植原体的单克隆抗体，采用间接 ELISA 法测定病枣树，获得了满意结果（韩国安等，1990）。由以上研究可以看出，植原体的单克隆抗体有很高专化性，在植原体的血清学检测及分类中有良好的应用前景。

但正因为这些单克隆抗体的高度特异性（甚至只与植原体单一的部位反应），使单克隆抗体在种一级的检测中受到限制。例如，对紫菀黄化植原体新泽西州系特异的单克隆抗体无法检测其他地区带有相同紫菀黄化症状的感病植物（Lin L. P. et al.，1985）。所以，此种方法实际应用也较少。

（五）核酸杂交技术

1987 年，Kirkpatrick 等首次应用重组 DNA 技术对染病植物和虫媒植物进行了植原体检测（Kirkpatrick B. C. et al.，1987）。随后的十几年里，此项技术在植原体检测领域迅速扩展，已成功应用于多种植原体的检测与鉴定（Kuske C. R.，1991）。林木兰等首次进行了泡桐丛枝病（PWB）植原体的分子克隆，获得了两个 PWB—植原体专一性的阳性克隆（张春立等，1994；林木兰等，1994）。Harrision 等利用克隆的植原体 DNA 随机片段，通过核酸杂交检测了佛罗里达州棕榈植物致死黄化病的植原体（Harrison N. A.，et al.，1992）。

多数核酸杂交对植原体的检测结果表明，在分子水平上建立起来的核酸杂交技术是对植原体病原鉴定的一种准确、灵敏的方法，有很强的特异性，因而具有以往的组织化学检测、电镜检测及血清学检测等各种检测方法所无法比拟的优点。利用核酸杂交技术，可以进行植原体之间亲缘关系的分析、植原体病害发生和流行规律的研究以及传播媒介的确定。因而，核酸技术的建立在基础理论研究中具有重要的应用价值。

（六）PCR 技术

PCR 技术（Polymerase chain reaction，聚合酶链式反应）已被广泛应用于生物学各个领域，包括对植原体的检测。李江山等应用 PCR 技术对泡桐丛枝病植原体进行了检测（李江山等，1996）；何放亭、兰平及赵锦等应用此技术对甘薯丛枝病、泡桐丛枝病、枣疯病和枣疯病长春花等几种植原体病害进行了检测和遗传相关性分析（何放亭等，1996；兰平等，2001；赵锦，2003；夏志松等，2004）。在一些特定情况下，常规 PCR 扩增过程不一定能得出满意结果。为此，人们又创立了巢式 PCR（Nested PCR）和循环 PCR（Recycled PCR）等植原体检测技术（Namba S.，1993；Lee I. M.，1993），近几年在小麦蓝矮病、四川斑竹病、香石竹黄化病等植原体病害研究中获得良好结果（张荣等，2005；庄启国等，2005；蔡红等，2005）。

与电镜、血清学及核酸杂交等技术相比，PCR技术具有快速、敏感、简便和特异等优点，最主要的是省去了植原体分离和纯化步骤，解决了长期以来植原体检测灵敏度低的问题。这对植原体的检测和分类都有很大的推动作用。

具体检测方法如下：

（1）DNA提取 DNA提取方法操作过程如下：称量患枣疯病幼嫩茎尖或幼叶0.5g左右，液氮冷冻后，迅速研磨成粉末，立即加入0.6ml DNA提取液（2.5mol/L NaCl，0.5% PVP - 10，0.5mol/L Tris - HCl，pH8.0，0.25mol/L EDTA，0.2%巯基乙醇），65℃水浴40min后，加入2倍体积的氯仿：异戊醇（24：1）抽提，10 000r/min离心10min后，吸取上清液，氯仿：异戊醇（24：1）再抽提离心后，吸取上清液用异丙醇沉淀，室温静置20～30min后，用枪尖挑出絮状DNA或低速离心得到DNA沉淀，用70%乙醇洗涤DNA，室温晾干后，200μL消毒双蒸水溶解。－20℃保存待用。

（2）引物合成 利用已知植原体16SrDNA的保守序列合成引物，特定引物可由上海生工（Sangon）公司合成，引物序列如下：

P1：AAG AGT TTG ATC CTG GCT CAG GAT T

P7：CGT CCT TCA TCG GCT CTT

（3）PCR反应程序 PCR反应在GENIUS热循环仪上进行，采用30μL体系进行扩增。各组分及其用量为：10×PCR buffer 3.0μL，25mmol/L Mg^{2+} 2.0μL，30ng/μL P1/P7 1μL，30ng/μL DNA 1μL，2mmol/L dNTP 2μL，5U/μL Taq DNA聚合酶0.3μL，消毒双蒸水19.7μL。P1/P7对引物扩增程序：94℃ 6min；94℃ 50s，58℃ 1min 40s，72℃ 2min 30s，37 cycles；72℃ 7min。

（4）PCR检测 PCR扩增产物用1%琼脂糖凝胶（含约0.5μg/mL溴化乙锭）进行电泳检测，电泳缓冲液为0.5×TBE，每孔加样5～10μL。电泳结束后，在紫外灯下观察结果并摄影记录（图5-4）。

综合比较不同的检测方法可以看出，对枣疯病而言，表观症状诊断在生产中实用性最强；其次是组织化学方法简便、快捷，而且灵敏度较高、成本低，非常适合于进行大量样品的快速检测；电镜、血清学、核酸杂交和PCR技术等都相对繁琐和昂贵一些，可用于精确检测，这些技术中PCR技术相对最简便。所以综合来看，实际应用中可主要采用DAPI荧光显微技术进行植原体病原的检测和分布规律等研究，在一些特殊情况下采用PCR技术等技术进行更精确的病原检测。

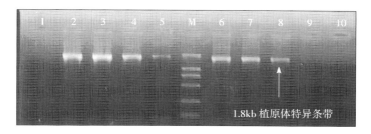

1.8kb 植原体特异条带

图 5-4 P1/P7 引物对枣疯病病叶、健树叶片的 PCR 扩增结果

P1：AAG AGT TTG ATC CTG GCT CAG GAT T；

P7：CGT CCT TCA TCG GCT CTT

M. 分子量标准 Molecular marker 1、9、10. 健叶 Healthy leaves

2～8. 疯叶 Diseased leaves

Fig. 5-4　The PCR amplification results of healthy and

diseased leaves using P1/P7 primer pair

参考文献

[1] 蔡红，李小林，孔宝华，陈海如. 不同症状矮牵牛植株植原体 16SrDNA 片段的克隆及序列分析. 华中农业大学学报. 2005, 24 (1)：1

[2] 蔡红，张华明，吴华英等. 一种引起香石竹黄化病植原体的初步鉴定. 植物病理学报. 2005, 35 (6)：151～152

[3] 蔡红，祖旭宇，陈海如. 植原体分类研究进展. 植物保护. 2002, 28 (3)：39～42

[4] 陈作义，沈菊英，龚祖埙，王焯，周佩珍，于保文，姜秀英. 枣疯病病原体的电子显微研究——Ⅱ. 类菌质体. 科学通报. 1978, 23 (12)：751

[5] 陈作义，沈菊英等. 枣疯病病原体的电子显微镜研究. Ⅰ类菌质体. 科学通报. 1978, 23 (12)：751

[6] 陈作义. 植物黄化病害中发现的一类新病原——类菌质体. 生物化学与生物物理进展. 1977 (5)：24～32

[7] 戴洪义，沈德绪，林伯年. 枣疯病热处理脱毒的初步研究. 落叶果树. 1988 (10)：1～2

[8] 郭永红，陈泽安. 玉米丛矮病类菌原体的提纯. 植物病理学报. 1991, 21 (1)：27～30

[9] 韩国安，郭永红，陈永萱. 用单克隆抗体检测枣疯病类菌原体，南京农业大学学报. 1990, 13 (1)：123

[10] 何放亭，武红巾，陈子文等. 几种植物类菌原体（MLOs）的分子检测及其遗传相关性比较. 植物病理学报. 1996, 26 (3)：251～255

[11] 侯燕平，宋淑梅. 枣疯病病原体的超微形态及其分布. 山西农业大学学报. 1999, 19 (4)：312～314

[12] 金开璇，田国忠，汪跃. 组织化学技术快速检测泡桐丛枝病研究. 植物病理学报.

1989（19）：185～188

[13] 蒯元璋，张仲凯，陈海如．我国植物支原体类病害的种类．云南农业大学学报．2000，15（2）：153～160

[14] 兰平，李文凤．甘薯丛枝病植原体的 PCR 检测．植物学通报．2001，18（2）：210～215

[15] 李阜，胡正嘉主编．微生物学．北京：中国农业出版社，2001

[16] 李永．我国几种木本植物植原体的分子检测与鉴定．中国林业科学研究院硕士学位论文．2004

[17] 廖晓兰，朱水芳，罗宽．植原体的分类及分子生物学研究进展．植物检疫．2002，16（3）：167～172

[18] 林含新，谢联辉．RFLP 在植物类菌原体鉴定和分类中的应用．微生物学通报．1996，23（2）：98～101

[19] 林木兰，杨继红，陈捷等．泡桐丛枝病类菌原体单克隆抗体的研制及初步应用．植物学报．1993，35（9）：710～715

[20] 林木兰，张春立，杨继红等．用核酸杂交技术检测泡桐丛枝病类菌原体．科学通报．1994，39（4）：376～380

[21] 刘秉胜，戴群．桑树植原体含量的周年变化及其对寄主激素水平的影响．山东大学学报（自然科学版）．1999，34（1）：98～102

[22] 刘刚，佟万红，王小芬，黄盖群．桑树萎缩病发生规律及综合防治措施．中国蚕业．2006，27（1）：85～86

[23] 刘劼，吴移谋．支原体基因组学研究进展．中国人兽共患病学报．2006，22（11）：1 073～1 077

[24] 刘仲健，罗焕亮，张景宁．植原体病理学．北京：中国林业出版社，1999

[25] 邱并生，李横虹，史春霖等．从我国 20 种感病植物中扩增植原体 16SrDNA 片段及其RFLP 分析．林业科学．1998，34（6）：67～74

[26] 史春霖，张凤舞，陈子文．微生物学报．1984（24）：139～141

[27] 宋晓斌，郑文锋，张学武等．泡桐丛枝病实用早期诊断技术．森林病虫通讯．1995（4）：46～47

[28] 田国忠．植物类菌原体的检测和鉴定研究新动态．植物检疫．1992增刊：70～73

[29] 田砚亭，王红艳等．枣树脱除类菌原体（MLO）技术的研究．北京林业大学学报．1993，15（2）：20～26

[30] 王祈楷，徐绍华，陈子文等．枣疯病的研究．植物病理学报．1981，11（1）：15～18

[31] 王清和，朱汉城，赵忠仁，同德全．枣疯病病原的探索．植物保护学报．1964（2）：195～198

[32] 王秀伶，刘孟军，刘丽娟．荧光显微技术在枣疯病病原鉴定中的应用．河北农业大学学报．1999，22（4）：46～49

[33] 翁心桐，赵学源，陈子文．枣疯病的初步研究．中国农业科学．1962（6）：14～18

[34] 夏志松等．桑黄化型萎缩病病原 16SrRNA 基因的序列分析．蚕业科学．2004，30

（2）：204～206

［35］徐绍华.枣疯病病枝超薄切片中类菌质体的电镜观察.微生物学报.1980，20（2）：219～220

［36］张春立，林木兰，胡勤学等.泡桐丛枝病类菌原体DNA的分子克隆与序列分析.植物学报.1994，36（4）：278～282

［37］张荣，崔晓艳，孙广宇，康振生.小麦蓝矮病植原体核糖体蛋白基因片段序列分析.西北农林科技大学学报（自然科学版）.2006，34（11）：194～198

［38］张荣，孙广宇，张雅梅，康振生.小麦蓝矮病植原体16SrDNA序列分析研究.植物病理学报.2005，35（5）：397～402

［39］张锡津，田国忠，黄钦才.温度处理和茎尖培养结合脱除泡桐丛枝病类菌原体（MLO）.林业科学.1994（30）：34～38

［40］赵锦.枣疯病病原周年消长规律及其病害生理研究.河北农业大学博士学位论文.2003

［41］赵培宝，任爱芝.桑树萎缩病的发生为害规律与综合控制措施.植保技术与推广.2003，23（9）：16～17

［42］中国科学院生物化学研究所病毒研究组，山东省果树科学研究所枣疯病研究组.枣疯病病原体的电子显微镜研究.中国科学.1974（6）：622

［43］周玲玲.类菌原体病害.兵团教育学院学报.1998（1）：44～45

［44］朱澄，林辰涛.一种新型的DNA荧光染料——DAPI的光学特征及其应用.武汉植物研究.1986（4）：91～102

［45］朱澄，徐丽云，金开璇等.用DAPI荧光显微技术检测泡桐丛枝病.植物学报.1991，33（7）：495～499

［46］庄启国，刘应高，潘欣，王胜.四川斑竹丛枝病植原体检测及16SrDNA片断序列分析，四川农业大学学报.2005，23（4）：417～419，431

［47］Bak W. C.，La Y. J. Purification of mulberry dwarf and jujube witches'‐broom mycoplasma‐like organisms and their serological relationship determined by enzyme‐linked immunosorbent assay（ELISA）. Korean J Plant Pathol，1992，8（2）：149～153

［48］Chen T. A.，Jiang X. P. Monoclonal antibodies against the maize bushy stunt agent. Can. J. Microbiol. 1988，34：6～11

［49］Chen W. C.，Lin T. A. Production of monoclonal antibodies against a mycoplasma like organism associated with sweetpotato witches' broom. Phytopathology. 1993，83（6）：671～675

［50］Doi Y.，Teranaka K.，Yora K.，et al. Mycoplasma‐or PLT‐group‐like micro‐organisms found in the phloem element of plants infected with mulberry drawf，potato witches‐broom. Ann Phytopath Soc Japan，1967，33：259～266

［51］Gundersen D. E.，Lee I-M，Rehner S. A.，et al. Phylogeny of mycoplasmalike organisms（phytoplasmas）：a basis for their classification. J Bacteriol. 1994. 176：5 244～5 254

[52] Harrison N. A. , Bourne C. M. , Cox R. L. et al. DNA probes for detection of myco-plasma like organisms associated with lethal yellowing disease of palms in Florida. Phytopathology. 1992, 82: 216～224

[53] Hiruki C. , Dijkstra J. , Light and electron microscopy of Vinca plant infected with my-coplasma lide bodies of sandspike disease. Neth J Pl Path, 1973, 79: 207～217

[54] Jiang Y. P. , Chen T. A. , Chiykowski L. N. Production of monoclonal antibodies to peach eastern x-disease and use in disease detection. Can. J. Plant Pathol. 1989, 11: 325～331

[55] Kirkpatrick B. C. , Stenger D. C. , Morris T. J. , et al. Cloning and detection of DNA from a nonculturable plant pathogenic mycoplasma-like organism. Science, 1987, 238: 197～200

[56] Kuske, C. R. , Kirkpatrick, B. C. , Davis, M. J. , et al. DNA hybridization between western aster yellow mycoplasmalike organism plasmids and extra chromosomal DNA from other plant pathogenic mycoplasmalike organism. Mol. Plant-Microbe inter-act. 1991, 4: 75～80

[57] Lee I. M. Use of mycoplasma like organisms (MLO) group specific oligonucleotide primers for nested-PCR assay to detect mixed-MLO infections in a single host plant. Phytopathology. 1993, 84 (6): 559～566

[58] Lim P. O. , Sears B. B. Evolutionary relationship of a plant-pathogenic mycoplasma like organism and acholeplasma laidlawii deduced from tow ribosomal protein gene se-quence. J. of Bacterial. 1992, 174 (8): 2 606～2 611

[59] Lin L. P. , Chen T. A. Monoclonal antibodies against the aster yellows agent. Sci-ence. 1985, 227: 1 233～1 235

[60] Mccoy R. E. , Candwell A. Plant diseases associated with mycoplasma like organ-ism. The mollicutes. Vol. 5. Acadomic Press, Inc. New York. 1989: 545～640

[61] Namba S. Detection and differention of plant-pathogenic mycoplasma like organism using polymerase chain reaction. Phytopathology. 1993, 83: 786～791

[62] Oshima K. , Kakizawa S. , Nishigawa H. , et al. Reductive evolution suggested from the complete genome sequence of a plant-pathogenicphytoplasma. Nat Genet. 2004, 36 (1): 27～29

[63] Seemiiller E. Fluorescenzoptischer directnachweis von mycoplasma ahnlichen organism in phloem pear-decline and tribesuchkranker. Baume Phytopath Z. 1976, 85: 368～372

[64] Shaper U. , Converase R. H. Detection of mycoplasma like organism in infected blueber-ry cultivars by the DAPI technique. Plant Dis. 1985, 69: 193～196

[65] Yi C. K. , La Y. J. Mycoplasma-like bodies found in the phloem element of jujube trees infected with witches' broom disease. Research Report of the Forest Research Institute of Korea. 1973, 20: 111～ 114

第六章　枣疯植原体的活体培养
及其应用

枣疯植原体至今还不能在人工培养基上培养生长。但笔者成功地实现了枣疯植原体在枣组培苗中的长期保存和增殖。方法是在生长季以感染枣疯病的茎尖或茎段、冬季以感染枣疯病枝条的水培芽为外植体，用 0.12% $HgCl_2$ 进行消毒，在不附加任何激素的 MS 培养基上进行启动培养，在 MS＋6-BA 1.0mg/L＋IBA 2.0mg/L＋NAA 0.1～0.3mg/L 培养基中进行增殖培养，在 MS＋IBA 0.5mg/L 或 MS＋NAA 0.3mg/L 培养基中进行生根培养。繁殖系数达到 10 以上，生根率达 95% 以上。

利用枣疯病带病组织培养体系，可以进行枣疯病治疗药物和抗病种质资源的集约化筛选等一系列应用研究和相关的基础研究。

一、植原体人工培养现状

由于植原体缺乏细胞壁，非常脆嫩，一旦体内或体外条件改变，如渗透压、温度、pH 等条件变化，均易引起植原体的破裂和失活。从感染植原体的病株中分离具有活性的植原体非常困难，而成功分离又是实现进一步离体培养的必要先决条件。

迄今，植原体的离体培养尚未获得成功。如何攻克这一难题，一直是研究者们努力探索的方向。人们曾尝试对带枣疯病的组织进行培养，以便深入了解枣疯植原体。但是由于枣疯病具有高致死性，带病组织培养一直未见成功报道。笔者自 1998 年开始进行枣疯病室内组织培养研究，很长一段时间也未有突破。21 世纪初，笔者在对枣疯病生理特别是枣疯植原体引起的激素变化进行了系统研究的基础上（结果见第八章），对培养条件进行了重大改进后终获成功，建立了枣疯植原体在寄主体内的保存与增殖体系，为枣疯病进一步研究提供了新的研究平台。利用该平台，笔者已开展了组培条件下防治药物筛选、抗病种质资源筛选、致病机理和病害生理等一系列研究工作。

二、带枣疯病组织培养技术

笔者于2001年以婆枣（阜平大枣）患枣疯病植株为试材，生长季采集幼嫩茎尖或茎段为外植体，休眠季采用病枝水培芽为外植体，在无细胞分裂素的MS培养基上进行培养，成功获得了带枣疯病的组培苗（赵锦，2003）。迄今，枣疯植原体在该带病组织培养体系中已保存6年以上，枣疯植原体在组培苗中不仅能很好地保存，而且可以快速增殖，保持旺盛的生活力。组培苗长久保持疯而不死的状态，病原检测结果显示，病苗中一直含有大量的植原体病原。此外，笔者还得到了冬枣、辣椒枣及酸枣等多个品种的带枣疯病的组培苗。

具体的培养方法如下：

（一）外植体选择和处理

采样从田间患病树采集幼嫩茎尖、茎段，放入冰壶中带回实验室。冬季实验室采样为病枝水培后萌发的幼芽。洗衣粉水清洗外植体后用自来水冲洗干净，接种前于超净工作台上用 $0.12\%HgCl_2$ 消毒 8～10min，无菌水冲洗4～5次转移到启动培养基上。

（二）培养条件

基本培养基为 MS 培养基，蔗糖 3%，琼脂 0.45%，培养基灭菌前 pH 为6.0。光照周期为 15h/9h，即 15h 光照、9h 黑暗，光照强度约1 400～1 600 lx。温度控制在 $27℃±2℃$。

病原检测采用 DAPI 荧光检测方法（见第五章）。

（三）启动培养

植株个体间营养和激素水平都有所不同。笔者认为在组培试验中，外植体初离体时，培养基中只需提供必要的营养成分，而不添加任何激素，有利于其适应环境并发挥自身的激素水平，表现出原始的生长状态。尤其进行枣疯病病苗培养，激素的添加反而会影响枣疯病症状的表现。所以，笔者先将带病外植体接种在无激素培养基中进行启动培养。结果表明，在该启动培养基中，组培苗长势旺盛，分化迅速，表现出典型的枣疯病病状，即小叶、节间短缩（1cm 茎段达 10～20 片小叶）、托叶刺转化为小叶并大量增生、腋芽大量萌发和明显的丛枝症状。DAPI 荧光检测结果也证明，组培病苗中带有大量植原体病原。

带病组培苗在无激素的启动培养基中生长和带病原情况见图 6-1、6-2。

（四）增殖培养

在启动培养成功的基础上，为了能获得大量的带枣疯病病原的组培苗，进一步对适合于病苗增殖的快繁体系进行了大量研究，系统设计了 31 种添加不同激素含量和配比的培养基进行比较试验。在不同培养基中，病苗的生长、增殖分化情况如表 6-1。

由表 6-1 可以看出，在设计的 31 种培养基中，枣疯病病苗生长状况有所不同，但在大部分培养基中均能正常生长，这充分反应了枣疯病病苗适应范围较广的特性。从生长和分化两个方面综合比较来看，以 D6 型（MS＋6-BA 1.0mg/L＋IBA 2.0mg/L＋NAA 0.1～0.3mg/L）最好，在此培养基中病苗不仅能迅速生长、分化，腋叶增生，腋芽萌发，而且基部大量分枝，繁殖系数（本试验中指腋芽萌发数和基部分生苗数的总和）一般都达 10 以上，甚至几十，表现典型的小叶和丛枝症状。另外，在 D6 培养基中因为生长非常快，所以继代时间较短，一般 25d 左右就可转接一次，更加快了繁殖速度。

从添加不同激素的培养基中病苗的生长情况还可以看出，在 B1、B2 和 B3 培养基中，随着 BA 浓度的增加，表现为对病苗生长的抑制性增强，所以高浓度的 6-BA 培养基不宜作为增殖培养基，但可以用于试验材料的长期保存；在单独或混合添加了 GA_3 和 NAA 的培养基中，随着添加剂量的增加，虽然生长良好但有使病苗转健现象，如 GA_3 促进了病苗节间增长，NAA 促进了病苗叶子变大等，所以这些培养基虽然能使病苗生长健壮，但不能保证枣疯病症状能持续稳定地传递发展，故不宜作为增殖继代培养基。

表 6-1　带病组培苗在添加不同激素配比及种类的培养基中生长情况

Table 6-1　The growth conditions of diseased plantlets in mediums with different ratio and kinds of hormones

培养基处理 Treatment	激素种类 Kinds and concentrations of hormones				生长情况 Growth condition	分化情况 Propagating condition	转健情况 Healing condition
	BA	IBA	GA_3	NAA			
O	0	0	0	0	＋＋	＋＋	＋
B1	0.5	0	0	0	＋＋＋	＋＋＋＋	－
B2	1.0	0	0	0	＋＋	＋＋＋＋	－
B3	2.0	0	0	0	＋	＋＋	－
I1	0	0.5	0	0	＋＋	＋＋	＋
I2	0	1.0	0	0	＋＋	＋＋	＋
I3	0	1.5	0	0	＋＋	＋	＋＋
G1	0	0	0.5	0	＋＋	＋＋	＋

（续）

培养基处理 Treatment	激素种类 Kinds and concentrations of hormones				生长情况 Growth condition	分化情况 Propagating condition	转健情况 Healing condition
	BA	IBA	GA₃	NAA			
G2	0	0	1.0	0	++	++	+
G3	0	0	1.5	0	+++	++	++
N1	0	0	0	0.3	++	++	+
N2	0	0	0	0.5	+++	+	++
N3	0	0	0	1.0	+++++	+	+++
C1	0.5	0.5	0	0	+++	++	+
C2	1.0	0.5	0	0	++	++	—
C3	2.0	0.5	0	0	++	+++	—
D1	0.5	0.5	0	0	+++	++	+
D2	0.5	1.0	0	0	++	++	—
D3	0.5	2.0	0	0	+	+++	—
D4	1.0	2.0	0	0	+++	+++	—
D5	0.5	1.0	0	0.1~0.3	+++	++++	—
D6	1.0	2.0	0	0.1~0.3	++++	+++++	—
E1	0.5	0	0.5	0	++	++	+
E2	0.5	0	1.0	0	+++	++	+
E3	0.5	0	1.5	0	++++	++	++
E4	0.5	0	2.0	0	++	++	+++
E5	1.0	0	1.0	0	++	++++	+
F1	0.3	0	0	0.3	+++	+++	+
F2	0.5	0	0	0.5	++	++	++
F3	1.0	0	0	0.5	+++	++	+++
F4	1.0	0	0	1.0	++	++	++++

注：—最差、基本保持原状；＋差；＋＋一般；＋＋＋较好；＋＋＋＋良好；＋＋＋＋＋最好。

Note：—worst；＋ bad；＋＋ normally；＋＋＋ good；＋＋＋＋ better；＋＋＋＋＋ best.

值得注意的是，无激素 MS 培养基既可作为启动培养基，又可进行增殖继代培养，一般开始 3～5 代以无激素培养基为主，随着继代次数增加，应采用 D6 型（MS＋6-BA 1.0mg/L＋IBA 2.0mg/L＋NAA 0.1～0.3mg/L）与 O 型（MS＋无激素）交叉进行，实际操作中可根据生长情况对培养基进行随时调整。

增殖培养基中病苗生长情况和带病情况见图 6-3、6-4。

图 6-1 在启动培养基中病苗的生长情况（接种 20d 后）

Fig. 6-1 The growth condition of diseased plantlet in initial medium
（20 days after culture）

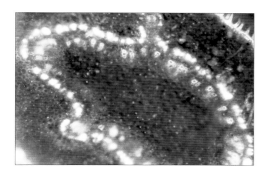

图 6-2 在启动培养基中病苗的 DAPI 荧光检测情况（韧皮部有
大量荧光亮点，说明带大量病原）

Fig. 6-2 DAPI determination of diseased plantlet in initial medium（Large amounts of
bright fluorescent spots in phloem showed that a great deal of phytoplasma）

图 6-3 在继代增殖培养基中病苗的生长情况

Fig. 6-3 The growth condition of diseased plantlet in the proliferating medium

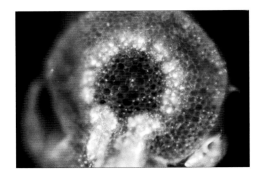

图 6 - 4 枣疯病组培苗中 DAPI 荧光检测结果（韧皮部荧光斑点
呈均匀一圈，说明带大量病原）

Fig. 6 - 4 DAPI determination of diseased plantlet in the proliferating medium
(Big size fluorescent spots forming a bright circle in phloem showed
that a great deal of phytoplasma)

图 6 - 5 在生根培养基中病苗的生根情况

Fig. 6 - 5 The rooting condition of diseased plantlet in the rooting medium

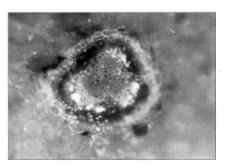

图 6 - 6 枣疯病病苗根中 DAPI 荧光检测结果（韧皮部有
较大荧光斑点，说明也带有大量病原）

Fig. 6 - 6 DAPI determination of roots of diseased plantlet (Big size fluorescent
spots in phloem showed that a great deal of phytoplasma)

（五）生根培养

一个完整的组培快繁体系，应该至少包括启动、增殖和生根培养三个阶段。因此，笔者还对带病组培苗在上述培养基中的生根情况进行了比较和统计，结果如表 6 - 2。

表 6 - 2 带病组培苗在不同培养基中的生根情况

Table 6 - 2 The rooting condition of diseased plantlet in different medium

培养基处理 Treatment	生根情况 Rooting conditions			
	生根条数 Roots	接种瓶数 Bottles of vaccination	生根瓶数 Bottles of rooting	生根率（%） The rate of rooting
O	2～6	32	20	62.5a
B1	1	28	2	7.1b
B2	1	26	1	3.8b
B3	0	16	0	0.0b
I1	2～6	21	20	95.2a
I2	2～4	15	13	86.7a
I3	2～4	15	12	80.0a
G1	1～3	14	1	7.1b
G2	1～3	22	2	9.1b
G3	1～3	24	3	12.5b
N1	3～7	28	26	92.8a
N2	3～5	30	26	86.7a
N3	3～6	28	25	89.2a

由表 6 - 2 可知，在 I 型、N 型培养基中枣疯病病苗均生根良好，最高生根率分别达 95.2%、92.8%。从生根数量看，I、N 型培养基也差别不大，但所生根的状态有所区别，I 型培养基所生根主根明显，同时须根较多；N 型培养基所生根较粗壮，但须根少。据此认为，I、N 型培养基均适合作为生根培养基。DAPI 结果显示，在病苗根部也带有大量病原，结果见图 6 - 5、图 6 - 6。

三、带病组培体系的应用

（一）利用组织培养体系进行特效药物筛选

长期以来，为了根治枣疯病，研究者尝试了多种技术措施和方法，如手术治疗、药物治疗及抗病品种等（潘青华，2002；王清和，1980；侯保林等，

1987；王焯等，1980；温秀军等，2001；Liu M. J. 等，2004），其中，药物治疗最为常用。

然而，在田间进行药物筛选，由于条件难以控制、工作量大，又受时间限制，进展缓慢，使枣疯病的治疗药物一直局限在四环素、土霉素等抗生素范围内。但四环素族药物在治疗过程中一旦使用不当会对植株造成不同程度的毒害作用，而且树体吸收效果常常不稳。此外，由于四环素类药物在人类抗生素中使用较早，在大量使用过程中耐药菌株已逐渐增多，加之易引起骨质色素沉积和"四环素牙"等不良反应，在人用药品中其抗生素作用已逐渐被其他药物取代。鉴于此，研究更加高效和安全无毒的新型枣疯病治疗药物势在必行。

为了扩大筛选范围、加快筛选进程，笔者利用上述建立的枣疯病带病组织培养体系，通过在培养基中添加不同的药物，进行了离体条件下枣疯病治疗药物的筛选（赵锦等，2006），建立了组培筛选药物的技术体系，并对组培条件下药物用量与田间药物用量的比例关系进行研究。

主要做法为挑选生长旺盛，具典型丛枝症状（有 10 个以上分枝）的婆枣带枣疯病组培苗，取其茎尖和茎段（带 2 个叶片）进行继代培养。一般是同一株小苗切分后接入添加不同剂量或种类药物的培养基中，以保证是用基因型和生长势一致的小苗进行各组药物处理。

同时，笔者对在培养基中添加治疗药物的方法也进行了摸索。一般在培养基中添加高温时易变性、失活的药物，需用抽滤装置（滤器、滤膜、注射器和真空泵等）进行，过程繁琐，费力、费时。笔者通过不断摸索找出了一套切实可行、省时、省力的药物添加方法。具体过程为：在超净工作台上，紫外灯照射粉剂药物 4h 以上，消毒双蒸水溶解，在培养基灭菌后冷凝前分剂量加入即可，大大简化了操作过程。多次试验证明，应用此方法添加药物，培养基放置 30d 后染菌率在 5％以下，效果良好，而对照添加未经紫外照射的药物，染菌率在 15％左右。

利用上述方法，在培养基中分别添加 0μg/mL、5μg/mL、15μg/mL、25μg/mL、50μg/mL 浓度的盐酸—四环素和盐酸—土霉素，各 5 个处理，15 次重复。培养 40d 后，调查各处理中组培苗的生长情况，结果见表 6 - 3。

由表 6 - 3 可以看出，在培养基中添加一定浓度的盐酸—四环素和盐酸—土霉素后，从表观症状上对枣疯病病苗均有明显的治疗效果。在添加不同浓度药物的培养基中，枣疯病病苗的丛枝症状均完全逆转，新生叶片叶色转绿、面积明显增大，托叶刺生长正常，腋芽不萌发或偶有萌发，其中添加低剂量药物（如 5μg/mL）培养基中的小苗因药物抑制而表现叶片发黄的时期不明显，且生长较旺；但随药物浓度的增加，小苗的生长逐渐受到一定程度的抑制，表现为茎段生长量减小、生根数量也逐渐下降；药物浓度越高，受抑越严重。

表 6 - 3　培养基中添加不同药物后病苗的生长情况

Table 6 - 3　The growth condition of diseased plantlet cultured in medium with different drugs

药　物 Drug	浓度 Content (μg/mL)	平均生根条数 Average amounts of roots	枣疯病症状表现及生长情况 The symptom and growth condition of diseased plant- let after 40 - days culture
CK	0	2～3	症状明显（小叶丛生、托叶刺变为小叶） Typical symptom
盐酸—四环素 Tetracycline	5	1～2	症状消失，生长良好 Symptom disapeared，growing normally
	15	0～1	症状消失，生长良好 Symptom disapeared，growing normally
	25	0	症状消失，开始 5～10d 生长受抑，10d 后恢复生长 Symptom disapeared，growing inhibited within 5～10 days and recovering normal later
	50	0	症状消失，生长明显受抑 Symptom disapeared，but growing obviously inhibited
盐酸—土霉素 Oxytetracycline	5	1～2	症状消失，生长良好 Symptom disapeared，growing normally
	15	0～1	症状消失，生长良好 Symptom disapeared，growing normally
	25	0	症状消失，开始 5～10d 生长受抑，10d 后恢复生长 Symptom disapeared，growing inhibited within 5～10 days and recovering normal later
	50	0	症状消失，生长明显受抑 Symptom disapeared，but growing obviously inhibited

　　为了进一步确定盐酸—四环素和盐酸—土霉素的治疗效果，将药物处理 40d 后的转健苗分别在不添加药物和添加与第一次处理相同浓度药物的培养基上进行继代培养，每处理 10 次重复。40d 后再观察各处理中组培苗的生长结果。

　　对在继代培养中不添加药物的处理发现，5μg/mL 药物处理一次后枣疯病症状虽然可以暂时消失，但在不添加药物的继代培养基中又出现症状复发现象，复发率 100%，表明此浓度并没有全部杀死枣疯植原体，部分病原仍然存在植株中，一旦药效消失，病原可以再度繁殖致病；15μg/mL 药物处理一次后继代培养中只有 40% 的组培苗健壮生长、完全正常，其余 60% 症状复发，说明此浓度下治疗效果也不理想，只是有可能全部杀死病原；25μg/mL 与 50μg/mL 药物一次处理后，组培苗均没有出现症状复发现象。

　　对继代培养中添加二次药物处理的组培苗生长情况观察发现，两种药物在

4 种浓度条件下均无表现枣疯病症状情况，但高浓度药物（25μg/mL 与 50μg/mL）对转健苗生长出现了严重抑制现象，50μg/mL 浓度下甚至出现部分组培苗枯死；而添加低浓度药物（5μg/mL 与 15μg/mL）的培养基中转健苗生长良好，全部没有症状复发现象。

对药物处理一次（25μg/mL 与 50μg/mL）和两次后的转健苗分别进行 PCR 检测，均未发现有植原体特异带出现；而且将转健苗在未添加药物的培养基中持续继代（1 年半），均未发现有症状复发现象。由此可看出，通过在培养基中添加高浓度药物一次处理（25μg/mL 与 50μg/mL）和低浓度多次处理（5μg/mL 与 15μg/mL）均可以使枣疯病病苗转健，并全部杀死病原。但从经济和提高效率角度考虑，认为以添加 25μg/mL 的药物一次处理的效果最佳。

经过多次试验证明，利用本体系完全可以在组培条件下进行筛选治疗药物的研究。以盐酸—四环素作为试验药物时，低剂量处理一次后枣疯病症状有时可以暂时消失，但继代培养过程中又出现症状回复现象，表明低浓度可能没有全部杀死枣疯植原体，部分病原仍然存在植株中，一旦药效消失病原可以再度繁殖致病；过高浓度的药物对转健苗生长会出现明显抑制现象甚至死苗现象；适当浓度的药物进行一次处理或低浓度多次处理均可以使疯苗转健，彻底杀死病原。药物治疗效果见图 6-7，治疗转健苗在无药物继代培养基中生长情况见图 6-8。

图 6-7　在添加 25μg/mL 药物的培养基中病苗转化情况

Fig. 6-7　The conversion of diseased plantlet in medium with 25μg/mL Tc and Ox

利用相同批次的盐酸—四环素和盐酸—土霉素药物进行了大样本田间药物滴注试验，筛选得到的有效剂量为 1.0g/L，与组培条件下药物处理 1 次的有效剂量 25μg/mL 的比例达到 40∶1，此结果说明组培条件下筛选出的药物剂量在田间生产实践中应用时应该增大几十倍甚至上百倍（赵锦等，2006），这为筛选

图 6 - 8　药物转健苗在无药物培养基中持续继代正常生长情况

Fig. 6 - 8　The growth condition of plantlet healed in medium without drugs

药物的田间应用提供了一定的计算依据，为最终的生产实践奠定了基础；同时也说明了盐酸—四环素和盐酸—土霉素在田间和组培条件下药效的一致性。

　　目前，笔者应用此技术体系开展了大规模的筛选药物研究，并已取得良好结果（杜强、赵锦、刘孟军等，2006）。发现大环内酯类药物转健效果最好，其中罗红霉素 100μg/mL 处理转健速度最快，60d 可实现对枣疯病苗的完全转健，转健率高达 77%（图 6 - 9），对枣疯病苗生长无明显抑制。与四环素类抗生素相比，具有对病苗生长抑制作用轻、毒害小、成活率高、在生产上推广更加安全可靠的优点。喹诺酮类药物、中药及生防素转健效果均不明显。

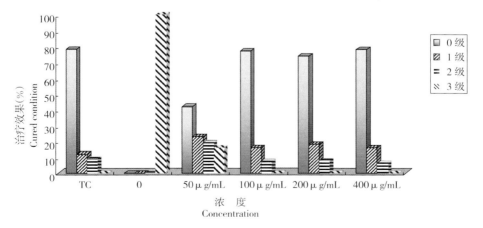

图 6 - 9　罗红霉素处理后枣疯病苗的转健率

Fig. 6 - 9　Cured condition of diseased plantlet treated with Roxithromycin

　　上述研究表明，利用带病组培体系进行药物的快速筛选完全可行，不仅能大大缩短筛选时间，提高筛选效率，而且筛选范围可以大幅度扩展，有望在短时间内筛选出较抗生素更高效、更环保的治疗药物。该体系可为类似植物病害的治疗药物筛选研究提供参考。

（二）利用组织培养体系进行抗病种质筛选

　　由于枣疯病病原不能通过汁液摩擦和注射接种传病，长期以来仅能靠介体昆虫、人工嫁接和菟丝子转接传病，其中人工嫁接方法是被应用于传病试验的最主要手段。在抗枣疯病种质筛选方面，传统上大多采用在健康树上嫁接病皮、病枝的方法，如陕西省林业科学研究所经过 10 年时间筛选出 2 个抗丛枝病枣品系，河北省林业科学院等单位经过 6 年研究筛选出 5 个抗枣疯病枣树品系（壶瓶枣、蛤蟆枣及婆枣的 HA、HC 和 Q13 个单株），山东省果树研究所、山西省果树研究所等也做了大量工作；此外，韩国虽然也对其枣品种进行了抗病性鉴定，但由于种质资源非常有限，没有发现高度抗枣疯病的资源。笔者在国家自然科学基金等资助下，1998 年起，采用在病树上嫁接待鉴定种质健康枝的高强度筛选法，经过 6 年的嫁接试验，筛选出了 7 个抗性种质（南京木枣、壶瓶枣、秤砣枣、骏枣、屯屯枣、清徐圆枣和火石沟铃枣），其中 4 个（骏枣单系、秤砣枣单系、清徐圆枣单系和南京木枣单系）抗性突出，抗病率达到 100％，将其嫁接到重疯枝上 5 年后仍未表现症状，且正常结果，为迄今已知抗性最强的材料，其中 1 个（骏枣单系）抗病种质材料 2005 年已经通过了河北省林木品种委员会的审定，正式定名为星光（刘孟军等，2006）。

　　由以上结果可以看出，传统的田间接种鉴定方法工作量大、耗时长、筛选范围小、选择效率低，而且试验条件无法严格控制，难于进行准确的比较和选择，迄今国内外只对少量有抗性线索的种质进行了鉴定。

　　近年来，为进一步加快鉴定进程、降低成本，研究者们开始探讨用离体材料和在组织培养条件下进行抗病性鉴定研究。美国、日本在许多病害研究中，相继研制出了温室接种鉴定和皮下注射法对嫁接苗接种鉴定的程序和标准，大大缩短了抗性鉴定时间。在杨树种质抗癌肿病、叶斑病和枯萎病等抗性鉴定中，已确立在试管中接种是一种可行的高效方法，结果与大田鉴定相同。在植原体病害研究中，田国忠等曾尝试了用病、健泡桐组培苗进行嫁接传病试验，证明这是使感病材料快速传病和抗病材料早期筛选、鉴定的一种实用高效的新方法（田国忠等，1999）。由于枣疯病病原不能人工培养，所以与田间试验一样，在离体条件下也不能通过注射接种传病，但可以通过试管苗微嫁接接种病原进行抗病性鉴定研究。

　　我国丰富的枣树资源非常有利于抗病资源的筛选研究。鉴于此，笔者利用建立的带病组培快繁体系，进行了病、健苗的嫁接试验研究（秦子禹、刘孟军、赵锦，2006），利用本研究建立的枣微嫁接技术体系，以枣疯病病苗作为砧木，待检测组培苗作为接穗进行微嫁接，最高成活率可达83.3%。枣组培苗的微嫁接情况见图6-10，图6-11。

枣组培苗微嫁接具体方法包括：

砧木准备：为了培养适于微嫁接的砧木，将婆枣疯苗在 MS+IBA2.0mg/L 的培养基中培养40d，丛枝症状减轻，节间伸长且均匀，茎粗增加，可降低微嫁接的操作难度，提高嫁接效率。

培养条件：最佳培养基蔗糖浓度为50g/L；最适 pH 为6.0；最适培养温度为28℃。用棉塞加单层封口膜保持接种瓶内的湿度，可有效提高微嫁接成活率。

砧木、接穗的处理方法：接穗切成2~3cm 茎段，不带叶片；砧木带叶片；砧木与接穗采用0.5mg/L GA$_3$ 浸泡处理10min 可有效提高成活率。生根的砧木组培苗不利于嫁接成活。

嫁接方法：采用反向劈接法嫁接，即接穗劈开、砧木削成楔型。接口用锡箔绑缚，直立放置到培养基中。锡箔需剪成1.0cm×0.4cm，预先高温灭菌。

利用上述建立的微嫁接体系，以婆枣组培疯苗为砧木，以在田间试验证明对枣疯病具有不同抗性的4个品种组培苗为接穗进行微嫁接试验，这4个品种分别为冬枣（感病品种）、铃枣（感病品种）、南京大木枣（高抗枣疯病）和骏枣（高抗枣疯病）。结果表明，不同抗性品种的成活率和染病率均不同。冬枣、南京大木枣、骏枣、铃枣4个品种接穗微嫁接的成活率分别为83.3%、70.0%、63.3%、76.7%，4个品种微嫁接成活苗在接种40d 后的染病率分别为100%、23.8%、31.6%、91.3%（表6-4）。根据此结果说明冬枣、铃枣为感病品种，而南京大木枣和骏枣为抗病品种。该结果与田间大树嫁接的结果基本一致，证明利用微嫁接进行抗病性评价及抗病品种筛选是可行的。

表6-4　不同品种接穗的微嫁接病原侵染结果

Table 6-4　The result of different cions grafted on diseased plantlet with JWB

接　穗 Cion cultivar	嫁接株数 No. of grafted	成活株数 No. of survived	成活率（%） Survival rate	染病株数 No. of infected	染病率（%） Infection rate
冬枣 Dongzao	30	25	83.3 a	25	100.0 a
铃枣 Lingzao	30	23	76.7 ab	21	91.3 b
南京大木枣 Nanjingdamuzao	30	21	70.0 bc	5	23.8 d
骏枣 Junzao	30	19	63.3 c	6	31.6 c

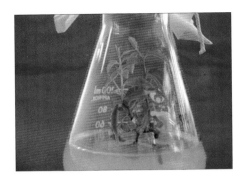

图 6 - 10 用铝箔进行微嫁接的情况（带病组培苗为砧木，健康组培苗为接穗）

Fig. 6 - 10 The micro - grafting with aluminum foil (Healthy plantlet as cion grafted on diseased plantlet)

图 6 - 11 铝箔除去后接口愈合情况（愈合口生长了大量愈伤组织）

Fig. 6 - 11 The concrescence condition after removing aluminum foil (Large callus formed at joint)

（三）其他应用

在组培条件下还可以进行一系列其他方面的应用研究，如通过调节培养基的 pH、糖浓度及环境温度等条件对枣疯植原体的生理特性进行初步研究等，并已取得了比较满意的结果（详见第五章）。同时，带枣疯病组织培养体系对今后植原体的提纯和人工培养具有重要应用价值。

参考文献

[1] 杜强．组培条件下枣疯病治疗康复药剂筛选研究．河北农业大学硕士学位论文．2006
[2] 侯保林，齐秋锁，赵善香等．手术治疗枣疯病的初步探索．河北农业大学学报．1987，10（4）：11～17

［3］刘孟军，周俊义，赵锦等．极抗枣疯病枣新品种'星光'．园艺学报．2006，33（3）：687

［4］刘仲健，罗焕亮，张景宁．植原体病理学．北京：中国林业出版社，1999

［5］潘青华．枣疯病研究进展及防治措施．北京农业科学．2002（3）：4～8，21

［6］秦子禹．枣组培苗微嫁接技术研究．河北农业大学硕士学位论文．2006

［7］田国忠，张锡津，罗飞等．抗病和感病泡桐无性系组培苗对嫁接传染植原体的不同反应．林业科学．1999，35（4）：31～39

［8］王焯，于保文，仝德全等．四环素族等药物对枣疯病的初步治疗试验．中国农业科学．1980（4）：65～69

［9］王清和．砍疯枝能否防治枣疯病的探讨．中国果树．1980（1）：43～44

［10］王秀伶，刘孟军，刘丽娟．荧光显微技术在枣疯病病原鉴定中的应用．河北农业大学学报．1999，22（4）：46～49

［11］温秀军，孙朝辉，孙士学等．抗枣疯病枣树的品种及品系的选择．林业科学．2001，17（5）：87～92

［12］赵锦，代丽等．离体条件下进行治疗枣疯病药物筛选的可行性研究．河北农业大学学报．2006，29（1）：70～73

［13］赵锦．枣疯病病原周年消长规律及其病害生理研究．河北农业大学博士学位论文．2003

［14］植原体菌种资源描述规范．中国林业微生物资源网．2004

［15］朱澄，徐丽云，金开璇等．用DAPI荧光显微技术检测泡桐丛枝病．植物学报．1991，33（7）：495～499

［16］Liu M. J., Zhou J. Y., Zhao J. Screening of Chinese jujube germplasm with high resistance to witches' broom disease. Acta Horticulturae. 2004，663：575～579

第七章　枣疯植原体在树体内的
分布和运转规律

　　枣疯植原体在树体内的分布具有普遍性、地上地下对应性、不均匀性等特点。在疯根中，5月中旬病原浓度最高，6、7、8月浓度有所下降，但仍处于较高水平，12月底至来年3月病原浓度则最低；在疯枝中，春季4、5月随温度回升和萌芽生长，病原数量逐渐增加，夏季7、8月（发病高峰期）病原浓度达到最高，随秋季来临有所下降，但仍保持较高水平，冬季的12月及来年1、2月降到最低，但仍可检测到大量病原。和病根相比，病枝中的病原浓度一直处于较高水平。枣疯植原体能在地上部越冬。

　　枣树感染枣疯病初期，病原只存在于感染点附近。枣疯病植原体不必先运行到根部就能导致树体发病，而且根与枣疯植原体的繁殖及枣疯病症状表现没有必然联系。

　　在植原体的运行规律方面，在泡桐丛枝病（田国忠等，1994）、桑树萎缩病（刘秉胜等，1999）和枣疯病上已有一些报道。其中，关于枣疯植原体在树体内的分布和运转规律，齐秋锁等（1987）最早利用环剥与接种病皮等手段进行了研究，认为病原在韧皮部筛管中是被动地随着树体的营养流向运行的。该研究以发病与否作为病原移动的证据，而事实上枣树带病原不一定就有表观症状，仅依据表观症状来判断病原的流动规律显然不够准确。要准确判断病原的流动规律必须依靠科学的检测手段对病原本身进行跟踪调查。

　　自20世纪80年代以来，在枣疯病病原检测方面发展出了许多新的技术和方法（王秀伶等，1999；李江山等，1996；何放亭等，1996；La Y.J. et al.，1986；朱澄等，1991；田国忠等，2002；温秀军等，2005），但对枣疯植原体的分布特点及周年消长规律一直缺乏系统研究。笔者以阜平大枣（婆枣）患枣疯病的植株为试材，利用简便、快捷并可半定量的DAPI荧光显微技术，连续3年对不同器官和部位的枣疯植原体进行了周年检测，探明了枣疯植原体的分布特点及周年消长规律，为有的放矢地开展枣疯病的药物和手术治疗提供了重要的理论依据。

一、枣疯植原体在树体内的分布特点

试验表明，枣疯病植原体的分布存在普遍性以及地上、地下对应性和不均匀性等特点。

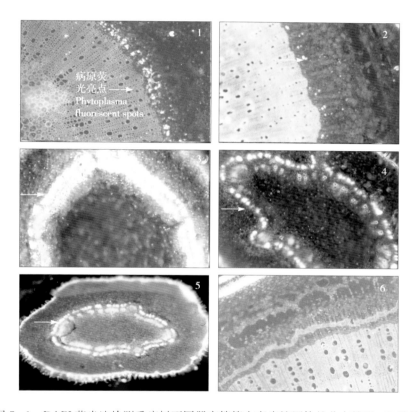

图 7-1　DAPI荧光法检测重病树不同器官筛管中枣疯植原体的分布情况（7月份）

注：1. 多年生病枝中病原情况（病原浓度较高，荧光亮点较多）　2. 病根中病原情况（病原浓度较低，少量荧光亮点）　3. 新生枝中病原情况（病原浓度很高，荧光亮点连成环状）　4. 枣吊中病原情况（病原浓度很高，荧光亮点连成环状）　5. 叶柄中病原情况（病原浓度很高，荧光亮点连成环状）　6. 健康枝条中病原情况（无荧光亮点）

Fig. 7-1　Distribution of JWB phytoplasma in phloem of different organs in seriously diseased tree checked with DAPI fluorescence method（July）

注：1. Diseased branch（A few fluorescent spots）　2. Diseased root（Very few fluorescent spots）　3. Newly diseased shoot（Big size fluorescent spots forming a bright circle）　4. Diseased bearing shoot（Big size fluorescent spots forming a bright circle）　5. Diseased leaf stalk（Big size fluorescent spots forming a bright circle）　6. Healthy branch（No fluorescent spots）

（一）普遍性

DAPI 荧光检测结果表明，重病树的根、枝、叶柄、枣头和枣吊等器官均存在明显的植原体荧光亮点，说明有韧皮部的地方枣疯植原体都可以生长增殖。可见，枣疯植原体的分布具有普遍性。在重病树不同部位及对照健康树的检测结果见图 7-1。

（二）地上、地下部对应性

对患病树地上部（枝条）和地下部（根）的植原体进行 DAPI 荧光检测结果表明，枣疯植原体病原的分布明显的具有地上、地下的对应性。即如果地上部树冠的某个方位有疯枝，则与其对应的同侧树干和根中也往往存在病原，而与健康枝同侧的树干和根部通常观察不到荧光亮点。另外，田间调查结果也发现，疯根蘖往往发生在地上部有疯枝的一侧。

（三）不均匀性

枣疯植原体分布的不均匀性表现在相同器官的不同发育阶段、同一时期的不同器官之间以及同一发病枝条的不同部位等病原浓度存在明显差异，这种不均匀性在发病初期尤为明显。

不同时期枣疯植原体的分布在根和枝条中的表现有所不同。由表 7-1 可以看出，在疯根中，5 月中旬病原浓度最高；而地上部 7、8 月处于发病高峰期，病原浓度最高，随物候期的不断进展有所下降，但冬季疯枝中仍然会检测到大量荧光亮点。整体比较，枣疯病病树疯根中病原浓度的高峰期要早于病枝，这可能与器官本身及温度等环境条件有关。

表 7-1　枣疯病病树不同部位枣疯植原体浓度的周年变化

Table 7-1　The year-round variation of JWB phytoplasma density in different organs of diseased trees

月　份 Month	不同部位荧光亮点的多少 The amounts of fluorescent spots in different organs		
	根 Roots	枝 Shoots	枣吊/叶柄 Bearing shoot/petiole
1	+	+++	/
3	+	+++	/
4	++	+++	/
5	+++	+++	++++
6	++	++++	+++++
7	++	+++++	++++++

（续）

月　份 Month	不同部位荧光亮点的多少 The amounts of fluorescent spots in different organs		
	根 Roots	枝 Shoots	枣吊/叶柄 Bearing shoot/petiole
8	＋	＋＋＋＋＋	＋＋＋＋＋＋
9	＋	＋＋＋＋	＋＋＋＋
10	＋	＋＋＋	＋＋＋
12	＋	＋＋＋	／

注：＋代表有零星荧光亮点，＋＋代表有少量荧光亮点，＋＋＋代表有较多荧光亮点，＋＋＋＋代表有大量荧光亮点，＋＋＋＋＋代表有大的荧光斑点，＋＋＋＋＋＋代表有超大量荧光亮点连成片状。

Note：＋Stand for sporadic tiny fluorescent spots；＋＋ A few bright fluorescent spots；＋＋＋ Some bright fluorescent spots；＋＋＋＋ Large amounts of fluorescent spots；＋＋＋＋＋ With big and bright fluorescent spots；＋＋＋＋＋＋ Big fluorescent spots forming a bright circle.

同一时期不同器官的不均匀性表现在较幼嫩部位病原浓度高于较老部位。由图7-1可以看出，在生长期新生疯枣头、枣吊和叶柄等幼嫩部位的切片中都带有大量的枣疯植原体病原，荧光亮点几乎呈均匀的一圈，明显大于和多于多年生枝条和根中的荧光亮点数量。同样，疯根中较嫩的白根中有较多荧光亮点，老根则只有零星分布的荧光亮点。

在新发病树和中度发病树中，相同器官的不同侧面植原体浓度也有差异。如对应树冠有疯枝一侧的树干韧皮部中能观察到荧光亮点，而对应树冠健枝侧的树干则通常观察不到荧光亮点。病原分布的这种不均匀性随着树体病情的加重逐渐减弱。

（四）患病程度与病原分布

随着病树患病程度的加重，其树体内的病原分布情况也随之发生相应的变化，普遍性增强，不均匀性减弱。

1. 轻病树　轻病树指从外观看疯枝量占总枝量不到1/3的病树。新发病树开始表现症状时，分别从发病处（明显有表观症状处）、疯健结合部位及稍远方"健康"部位采集多年生枝、枣头和枣吊，进行DAPI荧光显微镜观察。结果表明，发病处的多年生枝、枣头及枣吊荧光亮点多而大；疯健结合部位与发病处相比则亮点明显减少；健康部位则观察不到明显的荧光亮点，有的切片只是有一些针尖大小的小碎点。这说明在发病初期，植原体病原在枣树体内的分布有一个浓度梯度。

去疯枝是手术治疗枣疯病的主要农业措施之一，若能确定新染疯枝中病原分布的范围，则可有的放矢地确定去疯枝的程度，从而大大提高治疗效果，甚至达到完全治愈的目的。笔者在冬季挑选只在顶部有小疯枝，而下部表现完全正常的枝条进行 DAPI 检测，对距发病部位不同距离（0、10、30、50、80、100、130、150、200cm）的枝皮（不同侧面）进行检测（图 7 - 2），结果表明随着距离加大，病原逐渐减少，距离 100cm 以上的枝皮中基本看不到病原。所以生产中采用去疯枝措施时，应尽可能多地去除与疯枝相连的枝条，以最大限度地去除病原。

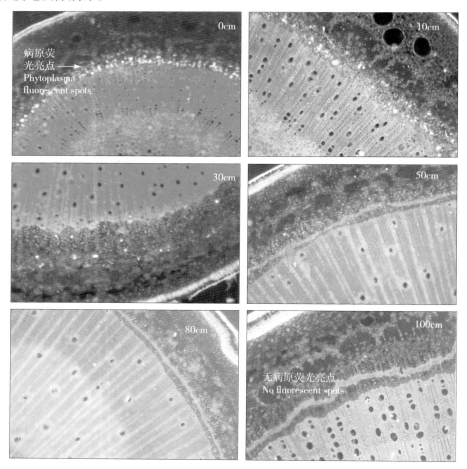

图 7 - 2　距发病部位不同距离枣疯病病原的 DAPI 检测结果

Fig. 7 - 2　DAPI analysis results of shoot section with different

distance from the place with symptom

2. 中度发病树　中度发病树，是从外观看疯枝量占总枝量 1/3～2/3 的枣疯病病树。生长期树体开始表现症状后，从疯枝方向和健枝方向分别采集多年生枝、新生枣头、枣吊及根，进行 DAPI 染色和荧光显微镜观察。结果表明，采自疯枝方向的多年生枝、新生枣头、枣吊和根均明显存在荧光亮点，而采自健枝方向的组织切片则观察不到荧光亮点，但有些切片存在或多或少的针尖大小的小碎点。说明枣疯病病原纵向运输能力很强而横向运输能力相对较弱，同时也证明了枣疯病病原存在地上部和地下部的对应性。

3. 重度发病树 重度发病树即从外观看，疯枝量大于总枝量 2/3 的枣疯病病树。生长期树体开始表现症状后，采集不同方位的多年生枝、新生枣头、枣吊及根，在荧光显微镜下均可观察到荧光亮点或云片状亮斑，这表明枣疯病病原已分布在树体的各个部位。

二、枣疯植原体在树体中的周年消长规律

利用 DAPI 检测技术，根据韧皮部荧光亮点的浓度对枣疯植原体在根和枝条中的周年消长情况进行了系统比较，病原浓度变化趋势见图 7 - 3。

在疯根中，5 月中旬病原浓度最高，在荧光显微镜下可观察到大量的荧光亮点，亮点几乎呈均匀分布；6、7、8 月地上部处于发病高峰时，根中病原数量有所下降，但依然较高；到 12 月底至翌年 3 月病原浓度则很低，在显微镜下只能看到零星分布的荧光亮点。

在疯枝中，春季 4、5 月随温度回升，病原数量逐渐增加；夏季 7、8 月（发病高峰期）病原浓度最高，同时表观病症达到最严重的程度；随秋季来临病原浓度有所下降，但仍然保持较高水平；直到冬季的 12 月及来年 1、2 月疯枝中病原浓度降到一年中最低值，但仍然能检测到大量荧光亮点。

在幼嫩器官（新生枣头、枣吊及叶柄）中，病原大量繁殖、浓度最高，这

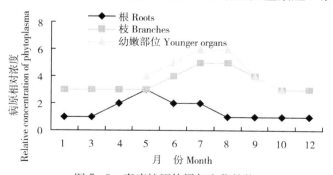

图 7 - 3 枣疯植原体周年变化趋势

Fig. 7 - 3 Variation of jujube witches' broom（JWB）phytoplasma concentration with season

注：其中"病原相对浓度"数值为相对数量。

Note：The concentration of JWB phytoplasma is relative quantity.

可能与寄主枣树旺盛的生长状态和适宜的环境条件有关。

综合来看，同一病树的病枝和根部相比，病枝中病原浓度一直较高。

三、枣疯植原体的越冬和运转

（一）枣疯植原体在地上部的越冬能力

植原体在枣树树体中的运转很早就引起了研究者的关注（翁心桐等，1962）。1968年，韩国学者金钟镇发现地上部越冬的病原在越冬后消失或大

图7-4　冬季病枝水培后的病原检测及其组培情况

1. 病枝水培情况　2. 水培病芽组培初代表现疯枝症状　3. 水培病芽DAPI检测结果（横切）

4. 水培病芽DAPI检测结果（纵切）　5、6. 水培病芽继代后表现典型枣疯病症状

Fig. 7-4　Water culture and tissue culture of diseased branch sampled

in winter and phytoplasma detection

1. Water culture of diseased branches　2. The disease symptom of primary culture buds

from water cultured branches sampled in winter　3. DAPI fluorescence of diseased buds

(crosscut)　4. DAPI fluorescence of diseased buds (straight-cut)　5、6. The severe

symptom of buds from water cultured diseased branch in the secondary culture

大减少。其后，王清和（1980）研究了植原体侵染枣树后的下行速度。侯保林等（1987）的试验表明，枣疯病病原可能不能在地上部越冬，而只能在根部越冬。冬季植原体病原能否在地上部越冬就成了研究者们争议的问题之一。

为了澄清此问题，笔者在冬季通过 DAPI 荧光显微观察检测到地上部存在大量病原的基础上，于 12 月及翌年 1 月和 2 月分别采集枣疯病病枝进行了水培，用水培枝萌发的幼芽进行 DAPI 荧光检测。结果显示，水培苗中韧皮部呈一圈明显的荧光亮点，说明带有大量植原体病原。将水培芽在无激素培养基中进行离体培养发现，水培芽在初代培养中就表现出典型的枣疯病病状，即小叶、腋芽萌发和丛枝等。

水培幼芽是病枝在离体条件下萌发产生的，只有病枝中带有具生理活性的植原体，病枝萌发的新幼芽才会检测到大量植原体病原，并导致在组培条件下进一步表现丛枝症状（图 7-4）。这样，就充分证明了植原体能够在地上部越冬。

（二）根与枣疯病症状表现的关系

过去许多研究者认为，枣疯植原体侵入寄主后必须先下行到根部才能诱发症状（翁心桐等，1962；侯保林等，1987）。为了彻底澄清此问题，笔者以田间枣树和组培苗为试材进行了研究（赵锦，2003）。

对新发病树的新发病枝条进行病原检测发现，有些枝条从表现症状的部位向下病原浓度逐渐降低，到达一定距离后再也检测不到病原（图 7-3）。跟踪观察其中的一株，在去除疯枝后 5 年间一直未再发病，DAPI 荧光检测其各个方向生长的枝条和根部均未发现枣疯植原体的存在。这说明当年这些树发现小疯枝时，病原尚局限在很小范围尚未运行到根部，而地上部病枝却已表现了枣疯病症状，所以去除疯枝等于彻底去除了病原，能使其完全康复。因为如果病原已运行到根部，则不可能通过去除地上部疯枝完全消除病原。此结果证明，枣疯植原体不必先运行到根部就可以导致地上部枝条发病。

另外，在带病组培苗的组织培养过程中，启动培养时不使其生根，对无根组培苗进行继代培养，保持不生根的状态。应用 DAPI 荧光显微技术进行跟踪检测，结果发现，不同继代次数的无根组培苗中均带有大量病原，而且枣疯病症状持续表现。这充分说明，根与枣疯植原体的繁殖及枣疯病症状表现没有依存关系。

通过对田间和组培材料的研究充分证明，枣疯植原体不必先运行到根部就能发病，而且根与枣疯植原体的繁殖及枣疯病症状表现也没有直接联系。

四、对枣疯病防治的指导意义

（一）最佳药物治疗时期的确定

药物治疗枣疯病时，如果能确定最佳的治疗时期将达到事半功倍的效果。但确定药物治疗时期应考虑树体的吸收能力和病原浓度的消长情况，最理想的治疗时期应该是树体吸收能力强而病原浓度又很低时。所以，枣疯病病原的周年消长规律可直接为治疗时期的确定提供理论依据。

树体对药液的吸收主要靠蒸腾拉力，树体萌芽展叶以后吸收能力增强。根据笔者的试验结果，树体中的病原浓度最低期在 12 月底至翌年 3 月，恰好是冬季，而冬季进行输液吸收非常困难，药液几乎不能进入树体。综合考虑各因素，笔者认为最佳药物治疗时期应在枣疯植原体尚未大量繁殖、花变叶症状尚未出现而树体已具备很强吸收能力的 4 月底至 5 月初（萌芽展叶期）。选择此时期进行药物输液治疗，可最大程度杀灭病原，提高药物治疗效果。笔者1999—2004 年间进行的大量田间试验也证明此时期进行药物治疗效果最佳。

关于最佳用药时期，山西省稷山林业技术推广站曾应用本课题组研制的祛疯 1 号进行了不同时期输液治疗效果的比较试验（王改娟，2005），结果表明发芽展叶期和盛花后期至生理落果前输液治疗效果好，而在初花期和幼果膨大期输液治疗效果差。分析认为主要是由于前两个时期正好是地上部枝条的两次生长高峰期，叶片蒸腾拉力大，药液回流上升快，因而治疗效果明显；而后两个时期地上部生长缓慢，地下根系正处于生长高峰，叶片蒸腾拉力减弱，药液回流上升慢，故效果差。

笔者通过病原消长规律研究及田间实践认为发芽展叶期为治疗的最佳时期，而王改娟的试验结果还多了一个适宜时期，即盛花后期至生理落果前。事实上笔者也曾发现，盛花后期至生理落果前输液可以很好地控制病情进一步发展并可将药效持续到第二年，但此期枣树已经发病而且花变叶等症状已很明显，即使输液治疗这些症状仍会存在，特别是花变叶已不可逆转；从另一方面考虑，要防治第二年的发病，第一年的盛花后期至生理落果前与第二年的发芽期相比治疗效果基本相同。综合来看，笔者认为萌芽展叶期进行治疗更好。

（二）手术措施对治疗枣疯病的作用

在 20 世纪 70～80 年代，人们采取主干环锯、去疯枝和去疯根等手术治疗方法取得了一定效果，但存在治愈率低、复发率高等问题（翁心桐等，1962；侯保林等，1987）。笔者对新发病枝的检测结果表明，距发病部位（有明显表观症状）越远病原越少，甚至检不出病原。这说明在新发病的枣树，去除各疯枝时若能达到足够长度，有可能完全去除病枝中的病原，使病树完全康复。笔者还对早年去除疯枝后已连续 5 年未表现新症状的病树进行不同部位的 DAPI 检测，均未发现枣疯植原体的存在，这也说明去疯枝有可能完全去除病原，达到痊愈目的。对于中度和重度患病树，去疯枝也可以有效地减少病原数量，延缓病情发展。

在枣疯病的治疗过程中应坚持手术治疗。手术治疗的关键是对疯枝要随发现随去除，尤其对新发病树和轻度患病树，更应尽早彻底去除疯枝，以便在病原未扩散之前完全去除病原，治愈病树。

◇ 参考文献

[1] 侯保林，齐秋锁，赵善香等．手术治疗枣疯病的初步探索．河北农业大学学报．1987，10（4）：11～17

[2] 金钟镇．枣疯病的研究．春川农大论文集．1968（2）：47～53

[3] 刘秉胜，戴 群．桑树植原体含量的周年变化及其对寄主激素水平的影响．山东大学学报（自然科学版）．1999，34（1）：98～102

[4] 田国忠，熊耀国，汪跃等．泡桐对丛枝病病原 MLO 的抗性研究．林业科学研究．1994，7（2）：155～161

[5] 王改娟．应用祛疯 1 号防治枣疯病试验．山西林业科技．2005（1）：15～16，41

[6] 翁心桐，赵学源，陈子文．枣疯病的初步研究．中国农业科学．1962（6）：14～18

[7] 赵锦．枣疯病病原周年消长规律及其病害生理研究．河北农业大学博士学位论文．2003

第八章　枣疯病的病害生理

枣树在感染枣疯病后生理方面发生了显著变化，包括激素比例的失调、酶系统代谢类型的改变、体液环境的酸化和矿质营养的失衡等。

激素方面，在根部，健株、治疗株和病株中 IAA、GA_3 和 ABA 的含量没有明显区别，但在 7、8 月份病株根部中 Zeatin 的含量要明显高于健株；在叶部，健株、治疗株和病株中的 IAA、GA_3 和 ABA 的含量也没有明显区别，但在生长后期（7 月份以后）病株叶片中 Zeatin 含量显著高于健株。不同患病程度叶片中，患病程度越重，Zeatin/IAA（C/A）比值越高。

矿质元素方面，枣疯病病株病叶中钾元素显著高于健株叶片；钙、镁、锰 3 种元素处于缺乏状态；铁元素在生长后期显著低于健株；对铜、锌两种元素的影响不大。

酶方面，枣疯病病原侵染枣树后导致了过氧化物酶（POD）及多酚氧化酶（PPO）同工酶酶活性增强，酯酶（EST）同工酶基本无变化。

酚类物质和氨基酸方面，枣树感染枣疯病后均有显著变化。

枣疯病病原侵染后导致树体体液 pH 的酸化。

对枣疯病的病害生理自 20 世纪 60 年代就已有所研究。王清和等（1964）曾用 11 种不同的化学方法分别处理健枣叶和疯枣叶，将新鲜叶片剪碎加蒸馏水少许研成糊状，然后加 5 倍的蒸馏水，用两层纱布挤压；取压榨汁加入 1mol/L 的 NaOH 或 0.5％硫酸铜后，病、健叶溶液呈现完全不同的颜色，虽然该研究并未明确病、健叶中何种物质出现了差别，但此研究充分说明病、健叶中所含成分有明显变化。但随后的 70、80 年代，病害生理研究并未深入开展，研究者主要将注意力集中在了对病原的确定、检测及防治等方面；在 90 年代陈子文（1991）曾对枣疯病丛枝症状形成的生理病理学基础包括激素及 IAA 过氧化物酶进行了研究；2000 年开始笔者对枣疯病的病害生理，包括激素、矿质营养、过氧化物同工酶及 pH 等各方面进行了较系统的研究。

一、枣疯病与激素

枣疯病植原体引起的病害，具有典型的丛枝症状，即腋芽的大量萌发，而腋芽萌发又受植物激素系统的调控，另外花变叶的花器返祖症状也与植物激素有关，因而人们对植原体与植物激素系统的关系进行了探讨。这方面的研究主要集中在生长素类与细胞分裂素类的消长与比例关系上。为了揭示枣疯病植原体对枣树内源激素的影响，笔者于 2002—2003 年，对婆枣健株、药物（盐酸—土霉素）治疗后的转健株及患枣疯病病株的健康部位与患病部位，采用高效液相色谱法（HPLC）进行了内源激素的亚周年测定。

试验结果表明（赵锦等，2003，2006），在根部，健株、治疗株和病株中 IAA（图 8-1）、GA_3（图 8-2）和 ABA（图 8-3）的含量没有明显区别，但在 7、8 月份病株根部中 Zeatin（图 8-4）的含量要明显高于健株；在叶部，健株、治疗株和病株中的 IAA（图 8-5）、GA_3（图 8-6）和 ABA（图 8-7）的含量也没有明显区别，但在生长后期（7 月份以后）病株叶片中 Zeatin（图 8-8）含量显著高于健株。不同患病程度叶片中激素的比较结果表明，患病程度越重，Zeatin/IAA（C/A）比值越高。

（一）生长期健树、疯树和治疗树根中激素变化情况

由图 8-1 可以看出，健树、疯树和治疗树 3 个处理根中的 Zeatin 含量均在 4~6 月份最低；从 7 月开始上升，其中，疯树根 Zeatin 含量上升速度最快，7、8 月份含量显著高于健株，8 月达高峰，9 月有所下降，而健树根和治疗树根中继续呈上升趋势。一般患病株 5、6 月份开始发病，7、8 月份进入发病高峰期。检测结果说明，发病高峰期根中 Zeatin 含量明显增加。

由图 8-2 可以看出，健树、疯树和治疗树 3 个处理根中的 IAA 变化趋势基本一致，从 1 月开始迅速下降，3、4 月直到 9 月基本保持平稳，其中 5、6 月稍微有所上升。IAA 的绝对含量在 3 个处理间差异不显著。

由图 8-3 可以看出，健树、疯树和治疗树 3 个处理根中 GA_3 变化趋势基本一致，均呈降—升—降趋势，但变化幅度不是很大。另外，3 个处理根中 GA_3 的绝对含量在各个时期差异也不显著。

由图 8-4 可以看出，健树、疯树和治疗树 3 个处理的根中 ABA 变化趋势基本一致，呈升—降—升趋势，在 3 月萌芽前达到高峰后，开始下降，5、6 月份含量最低，随后 7、8 月份又开始逐渐上升。而且 3 个处理根中 ABA 的绝对含量在各个时期也大致相当。

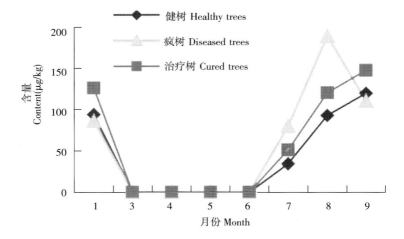

图 8-1　健树、疯树和治疗树根中 Zeatin 的变化

Fig. 8-1　The variation of Zeatin content in the roots of healthy，diseased and cured trees

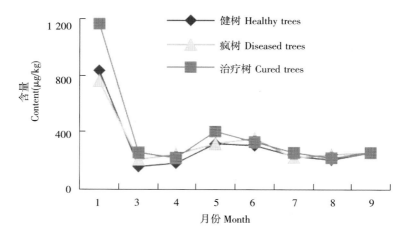

图 8-2　健树、疯树和治疗树根中
IAA 的变化

Fig. 8-2　The variation of IAA content in the roots of healthy，diseased and cured trees

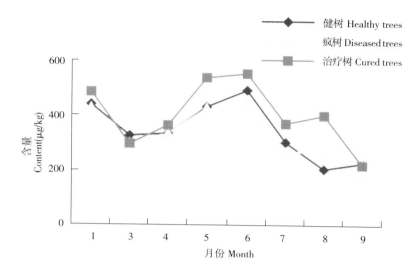

图 8 - 3　健树、疯树和治疗树根中 GA₃ 的变化

Fig. 8 - 3　The variation of GA_3 content in the roots of healthy,
diseased and cured trees

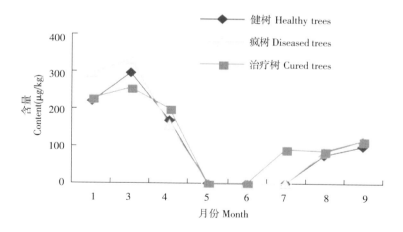

图 8 - 4　健树、疯树和治疗树根中 ABA 的变化

Fig. 8 - 4　The variation of ABA content in the roots of healthy,
diseased and cured trees

（二）生长期健树、疯树和治疗树叶片的激素变化情况

笔者对生长期健树健叶（JJ）、疯树健叶（FJ）、疯树疯叶（FF）和治疗

树叶（ZHI）的 ZT、IAA、GA₃ 和 ABA4 种激素含量进行了检测。

由图 8-5 可知，在生长期健树健叶、疯树健叶和治疗树叶中 Zeatin 含量变化呈升—降（稳）—升趋势，只有疯树疯叶一直呈上升趋势。在生长后期疯树疯叶中 Zeatin 的绝对含量显著高于健树叶片。

由图 8-6 可知，健叶、疯树健叶与疯叶和治疗树叶中的 IAA 含量变化基本呈下降趋势，健树健叶和疯树健叶中 IAA 一直下降，疯树疯叶和治疗树叶在 6 月上升后也开始下降。绝对含量在 4 个处理间差异不显著。

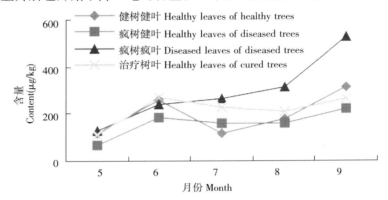

图 8-5　健叶、疯树健叶与疯叶和治疗树叶中 Zeatin 的变化

Fig. 8-5　The variation of Zeatin content in the leaves of healthy, diseased and cured trees

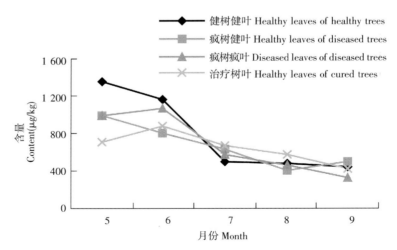

图 8-6　健叶、疯树健叶与疯叶和治疗树叶中 IAA 的变化

Fig. 8-6　The variation of IAA content in the leaves of healthy, diseased and cured trees

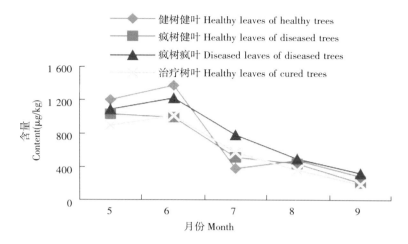

图 8-7　健叶、疯树健叶与疯叶和治疗树叶中 GA₃ 的变化

Fig. 8-7　The variation of GA₃ content in the leaves of
healthy, diseased and cured trees

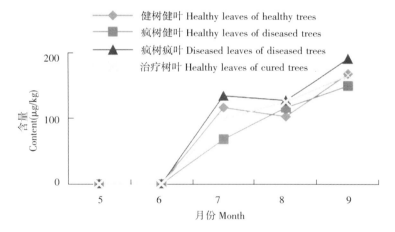

图 8-8　健叶、疯树健叶与疯叶和治疗树叶中 ABA 的变化

Fig. 8-8　The variation of ABA content in the leaves of
healthy, diseased and cured trees

由图 8-7 可知，健叶、疯树健叶与疯叶和治疗树叶中的 GA₃ 含量变化趋势基本一致，大都是在 6 月稍有上升，以后基本呈下降趋势，与 IAA 变化相似。其中，只有健树叶片的绝对含量在 7 月下降较多，8 月有所回升，9 月又下降。

由图 8-8 可知，健叶、疯树健叶与疯叶和治疗树叶 4 个处理中 ABA 的变化趋势也大致相同，基本呈上升趋势。生长前期，叶片较幼嫩，其 ABA 含量非常低，低于检测范围，为痕量；随物候期进展，叶片逐渐老化，ABA 含量呈上升趋势。

综合以上分析结果可知，枣树被枣疯植原体侵染后主要是细胞分裂素含量显著上升，并使得细胞分裂素与生长素和赤霉素的相对比值上升，细胞分裂逐渐占优势地位，顶端优势丧失，导致枣树表现典型的枣疯病病症，如腋芽大量萌发、短缩丛枝等症状；而且这种细胞代谢的紊乱还可以改变器官分化的方向，如导致花梗延长、花变叶等花器返祖现象。

（三）健树、疯树和治疗树激素比例的变化和比较

大量研究表明，各种激素之间的比例在植物生长发育中发挥着至关重要的作用。笔者对健树叶、疯树健叶与疯叶和治疗树叶中的细胞分裂素与生长素（C/A）比值进行了比较。

笔者试验中所用疯树的患病程度为：疯树 A 为Ⅰ～Ⅱ级疯，疯树 B 为Ⅲ～Ⅳ级疯，疯树 C 为Ⅴ级重疯。图 8-9 至图 8-11 可以看出，随着病情的加重，植株的整体 C/A 值呈上升趋势，而且同株的疯、健叶的 C/A 值随病情的加重而逐渐接近。这说明随着病情的加重，即植株患病部位的增多，植株整体 C/A 值逐渐上升，表观健康的部位其激素含量和比例随病情加重所受影响越来越大。

由图 8-12 可以看出，健树叶、疯树健叶和治疗树叶 3 个处理间的 C/A 值在数值和变化趋势上基本一致，但疯树疯叶从 7 月开始迅速上升，明显高于

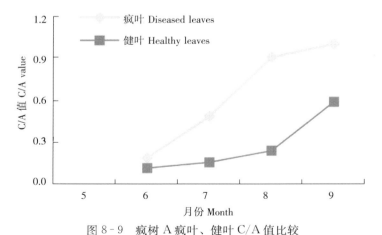

图 8-9　疯树 A 疯叶、健叶 C/A 值比较

Fig. 8-9　The C/A value of healthy and diseased leaves from
same diseased tree（A）

其他处理，与健叶差异达到显著水平。

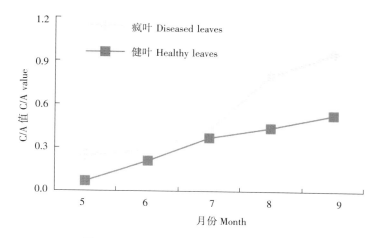

图 8 - 10　疯树 B 疯叶、健叶 C/A 值比较

Fig. 8 - 10　The C/A value of healthy and diseased leaves from same diseased tree（B）

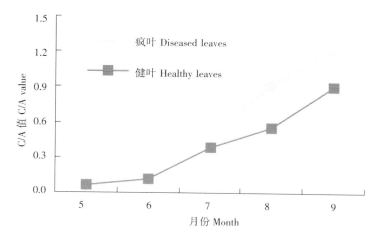

图 8 - 11　疯树 C 疯叶、健叶 C/A 值比较

Fig. 8 - 11　The C/A value of healthy and diseased leaves from same diseased tree（C）

笔者通过进一步分析数据还发现，从疯树 A 到疯树 C，随着病情的加重，植株整体的细胞分裂素与赤霉素（C/G）值也呈上升趋势，而且同株疯、健叶 C/G 值随病情的加重而逐渐接近，这一趋势与 C/A 变化基本一致。说明随着病情的加重，即植株患病部位的增多，植株整体 C/G 值也逐渐上升，表观的健康部位随病情加重所受影响也逐渐加大。而且，健树叶、疯树健叶和治疗树

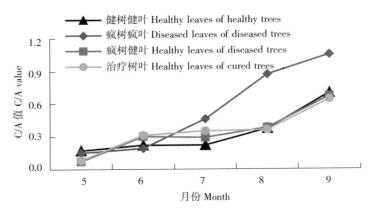

图 8 - 12　健叶、疯树健叶与疯叶和治疗
树叶的 C/A 值

Fig. 8 - 12　The C/A value of leaves among the healthy，from
diseased and cured trees

叶 3 个处理间的 C/G 值在数值和变化趋势上也基本一致，只有疯树疯叶处于
较高水平，尤其在 7 月份与其他处理的差异均达到显著水平。

　　3 棵疯树中 C/A 与 C/G 值的变化趋势非常一致，说明随着病情加重，生
长素和赤霉素类与细胞分裂素相比相对含量都在下降。生长素主要表现影响顶
端优势、茎尖生长；赤霉素主要促进节间伸长。随病情加重，促进生长的生长
素类和赤霉素类比例下降，而促进细胞分裂分化的细胞分裂素类增加，所以最
终导致腋芽萌发、小叶增生和丛枝症状发生。

　　由图 8 - 5 至图 8 - 12 还可以看出，疯树疯叶中 C/A、C/G 值的增加主要
是细胞分裂素绝对含量增加所致，激素比例失调很可能是导致枣疯病病症的直
接原因。但植原体侵染后引起激素失衡的机理还有待于进一步研究。

（四）同一病株上不同患病程度叶片中 C/A 值比较

　　在单枝水平枣疯病由轻到重的表观症状依次为花梗延长、花变叶、丛枝、
极短缩丛枝。本试验在 7 月份对两株患病树进行了不同患病程度叶片的激素测
定，结果见表 8 - 1。

　　从表 8 - 1 中可以看出随着表观症状的逐渐升级，C/A 值也越来越高，即
细胞分裂素含量相对增加。这充分证明了表观症状的变化与激素比例关系紊乱
有关。换言之，植原体侵染的确影响了植物体激素含量的变化，打破了激素间
的平衡，从而使患病植株表现表观病症。而且，随着病情的逐渐升级，对激素
平衡的破坏程度也逐渐增大。

表 8 - 1　不同患病程度枝条叶片中细胞分裂素与生长素比值（C/A）比较

Table 8 - 1　The C/A（Zeatin/IAA）values of leaves from shoots in different state of disease

不同患病程度 Disease state 树号 No. of tree	病枝健康部位 Healthy shoot	花梗延长 Shoot with flower of prolonged peduncle	花变叶 Shoot with phyllody	丛枝 Shoot with witches-broom	短缩丛枝 Shoot with condensed witches-broom
X	0.30	0.36	0.36	0.45	0.54
33	0.26	0.37	0.40	0.47	0.56

（五）枣疯病与激素关系的综合分析

综上所述，植原体侵染导致的丛枝症状主要是由于促进了细胞分裂素类物质合成进而导致细胞分裂素与生长素和赤霉素比值偏高造成的。笔者认为，植原体侵染促进植株细胞分裂素合成的机制可能有 3 种。第一种机制类似于农杆菌，因为植原体基因组很小，它侵染寄主后，可以将其片段整合到寄主细胞核 DNA 中，通过基因表达调控的方式促进了细胞分裂素的合成。第二种机制可能是植原体侵染后产生了某种代谢物质，这种物质刺激了细胞分裂素合成信号系统或直接对细胞分裂素合成途径中的某个环节起到了调节作用，促进植物本身细胞分裂素合成增多，或使结合态细胞分裂素游离出来。第三种机制可能是植原体本身能合成细胞分裂素类物质或合成细胞分裂素形成过程中的某种中间物质。

二、枣疯病与矿质元素

外观症状失控往往与植物激素系统紊乱有关，因而人们在植原体病害与激素的关系方面研究较多，而有关植原体侵染对营养元素的影响研究较少。

为了揭示枣疯植原体对枣树营养元素的影响，笔者应用原子分光光度计法于 2002—2003 年对婆枣健株、药物（盐酸—土霉素）治疗后转健株和患枣疯病病株的健叶与疯叶中的 7 种矿质元素进行了检测。

叶片的采集：严格采集树冠外围枝条中部的叶片 50～100 片（无病虫害、完整的叶片）。将田间采集的叶片带回实验室，用自来水冲洗干净，无离子水冲洗 2～3 次，吸水纸吸干，105℃烘 20min 杀青后，70℃烘至恒重。干样用万能粉碎机粉碎，放入干燥器中保存待测。

待测液制备：采用硝酸—高氯酸消煮法（参见中华人民共和国国家标准 GB 7887—1987）。

（一）钾元素

由图 8-13 可以看出，在生长期健株叶、治疗后转健株叶和疯树健叶中钾元素含量呈下降趋势；而疯树疯叶在 7、8、9 月呈上升趋势，10 月份有所下降，但绝对值依然高于其他处理。从绝对含量看，治疗后转健株叶和疯树健叶的钾含量大致相当；而健株叶和疯树疯叶显著高于治疗树和疯树健叶。尤其 8、9 月份，疯树疯叶中钾含量是疯树健叶的 2～3 倍，也显著高于健株叶片。可见生长期疯叶争夺钾元素非常强烈，导致分配失衡。

钾在植物中主要集中在生长最活跃的部分，如生长点、幼叶和形成层等，属于易移动的元素（潘瑞炽等，1980）。由图 8-13 可以看出，疯树疯叶与其他 3 个处理的叶片相比，钾含量最高，尤其在生长旺期差异更显著。这可能主要是由于疯树疯叶一直处于生长分化比较旺盛阶段，对钾元素需求较多，争夺强烈。钾供应充分时，碳水化合物合成增强，纤维素和木质素含量提高，茎秆坚韧。这一点恰与疯枝一般韧性较大，不易折断的特点相符合。

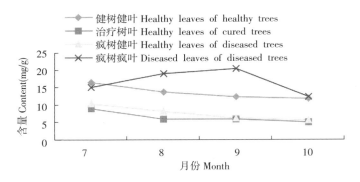

图 8-13　生长期各处理叶片中钾元素的变化趋势

Fig. 8-13　The variation of K content in leaves from different treatments

由图 8-13 还可以看出，钾元素在疯树健叶和治疗株叶中的含量较疯树疯叶和健株叶片都低。疯树健叶钾含量较低的原因，可能主要是由于同一树中的疯叶生长分化旺盛，争夺钾元素激烈所致；另一方面是由于病树树势变弱，整体吸收能力下降。而治疗株叶片中钾元素含量也明显低于健株叶片，一方面可能是治疗株树势仍较弱，吸收能力低；另一方面可能是因为药物治疗除了有杀灭枣疯病病原的作用外，对枣树的生长也有一定的抑制作用，进而影响了对钾元素的吸收。因为在组培筛选药物试验中发现，添加药物后组培苗生长受抑，一般经过 10～30d（因剂量不同而异）后小苗才开始抽生出新的健康叶片。

（二）钙元素

由图 8-14 可知，生长期健株叶、治疗株叶和疯树健叶中钙元素含量基本呈上升趋势，只有疯树疯叶呈下降趋势。其绝对含量从高到低依次为：健株叶、治疗株叶、疯树健叶和疯树疯叶。但前 3 个处理间钙含量差异不显著，只有疯树疯叶钙含量显著低于前三者。由此可见，患枣疯病后植株整体缺钙，而且疯叶比其同株中的健叶更为缺乏。

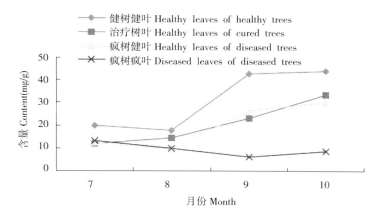

图 8-14　生长期各个处理叶片中钙元素的变化趋势

Fig. 8-14　The variation of Ca content in leaves from different treatments

钙元素主要存在于成熟叶及老的器官和组织中。在细胞增大过程中，它与果胶酸结合成果胶酸钙，构成细胞壁的中胶层，从而被固定下来，是植物体内最难再利用的元素之一（刘慧等，2001）。健株叶、治疗株叶和疯树健叶随物候期进展成为比较老的器官，钙积累增多，所以曲线图显示呈上升趋势。而疯树疯叶一直分化比较旺盛，处于幼嫩状态，钙吸收相对较少，所以其钙元素含量显著低于其他处理。

（三）镁元素

由图 8-15 可知，生长期健株叶、治疗株叶和疯树健叶中的镁元素含量基本相同，且一直保持平稳（10mg/g 左右），稍有上升；只有疯树疯叶呈下降趋势，尤其在 9、10 月份下降迅速，从 7、8 月的 8mg/g 骤减至 3mg/g，显著低于其他处理。

镁元素主要集中在幼嫩器官和组织中，是叶绿素的组成成分（潘瑞炽等，1980；刘慧等，2001）。由图 8-15 可知疯叶中镁元素含量在生长期呈下降趋势，可能因为镁不仅是许多酶的活化剂，而且 DNA、RNA 的合成和蛋白质合

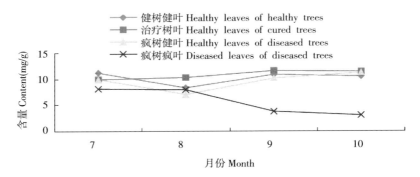

图 8 - 15　生长期各处理叶片中镁元素的变化趋势

Fig. 8 - 15　The variation of Mg content in leaves from different treatments

成中氨基酸活化过程都需要镁参加，而疯树疯叶一直处于不断的分裂和分化状态，各种酶活动强烈，导致镁元素大量消耗而分散。

另外，治疗株叶镁元素含量与健株叶达到相当水平，这说明所用复合药剂在杀灭病原的同时增加了植株对镁元素的吸收量，进而促进了患病株镁营养的恢复。

（四）铁元素

由图 8 - 16 可知，4 个处理的铁元素含量在 7、8、9 月份基本保持缓慢上升趋势，而 10 月份健株叶和疯树健叶中铁含量迅速上升，治疗株叶和疯树疯叶中铁含量只是稍有提高。其绝对含量在 7、8、9 月份 4 个处理也基本相同，保持在 0.5～0.7mg/g；10 月份健株叶和疯树健叶上升了 2 倍多，达到了 2.0mg/g 左右；而治疗株叶和疯树疯叶中铁含量只上升到 0.9mg/g 左右。由此可见，患病株病叶中铁元素只在生长季后期与健株叶和病株健叶差异较大。

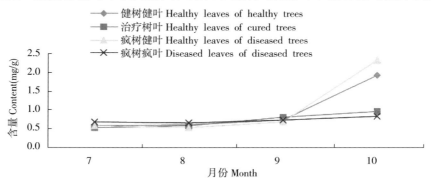

图 8 - 16　生长期各处理叶片中铁元素的变化趋势

Fig. 8 - 16　The variation of Fe content in leaves from different treatments

铁元素进入植物体后处于被固定状态，不易转移，器官越老，含量越多。由图 8-16 可以看出铁元素在所有处理中随物候期进展均呈缓慢上升趋势，但在 10 月份健株叶和疯树健叶铁元素含量迅速上升，显著高于疯树疯叶。这可能由于 10 月份健株叶和疯树健叶能正常地迅速衰老，导致铁元素迅速积累；而疯树疯叶的衰老明显的缓慢，铁元素积累相对较少，导致差异显著。

（五）锰元素

由图 8-17 可知，生长期健株叶、治疗株叶和疯树健叶锰元素含量处于缓慢上升趋势，只有疯树疯叶呈下降趋势。其绝对含量健株叶、治疗株叶和疯树健叶之间差异不显著，基本在 0.2~0.3mg/g 左右；只有疯树疯叶随时间后延锰元素含量显著低于前三者。由此可见，患病株病叶对锰元素的吸收受限或消耗过多，处于缺乏状态。

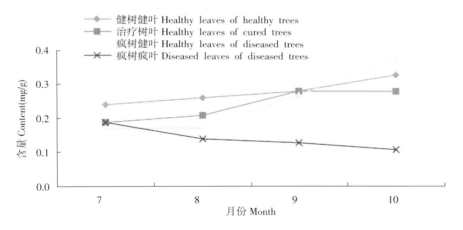

图 8-17　生长期各处理叶片中锰元素的变化趋势

Fig. 8-17　The variation of Mn content in leaves from different treatments

锰元素与镁元素在植株代谢中的作用类似，不仅是多种酶的活化剂，还是叶绿体等细胞器的组成成分，另外还促进淀粉水解和糖类转移。疯树疯叶中锰元素含量呈下降趋势可能也是由于疯树疯叶代谢旺盛，消耗锰元素过多所致。

（六）锌元素

由图 8-18 可知，4 个处理的锌元素含量基本处于下降趋势。对其绝对含量的方差分析结果显示，各个处理间在各个时期差异都不显著。由此可见，植株患病后对锌元素的吸收影响不大。

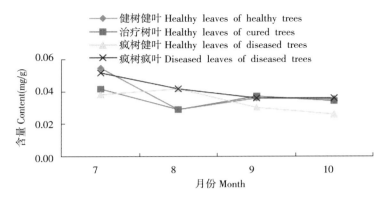

图 8 - 18　生长期各处理叶片中锌元素的变化趋势

Fig. 8 - 18　The variation of Zn content in leaves from different treatments

（七）铜元素

由图 8 - 19 可知，4 个处理的铜元素含量在生长期基本保持平稳。其绝对含量的方差分析结果显示各个处理间各个时期差异都不显著。由此可见，植株患病后对铜元素的吸收影响也不大。

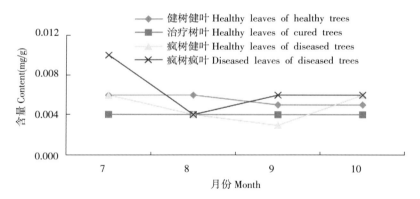

图 8 - 19　生长期各处理叶片中铜元素的变化趋势

Fig. 8 - 19　The variation of Cu content in leaves from different treatments

锌是吲哚乙酸生物合成必需的。铜是某些氧化酶的成分，可以影响氧化还原过程。但从检测结果可以看出这两种元素含量均较低。

（八）枣疯病与矿质营养关系的综合分析

从患枣疯病病树和健树间 7 种矿质元素的检测结果比较来看，枣树被植原体侵染后，对叶片中除铜和锌外的 5 种矿质元素的含量和变化趋势均产生了较大影响。患病后病叶对钾元素争夺强烈，发病期疯树病叶钾元素含量迅速上升，显著高于疯树健叶；而对钙、镁、锰和铁元素的吸收均下降。从整体来看，治疗株叶片各种矿质元素的含量变化基本与病株健叶类似，其中镁元素的含量治疗株与健株叶片达到相当水平。可见，治疗后各种矿质元素的吸收恢复正常状态，趋于平衡。

从矿质元素的测定结果可见，植株患病后，由于破坏了正常生长状态，导致叶片中矿质元素失衡。其原因可能有以下几种：第一种可能是植原体侵染后造成的枣树本身生长状态不同而导致的矿质营养水平失衡；第二种可能是植原体侵染直接造成枣树的内在矿质营养吸收机制的变化，而最终表现矿质营养失衡；第三种可能是植原体本身生长增殖过程消耗相应的矿质营养，进而造成寄主体内矿质营养失衡，第四种可能就是前三种或其中某两种的共同影响。具体的影响机制有待于进一步进行研究。

三、枣疯病与酶

（一）过氧化物酶（POD）

笔者利用聚丙烯酰胺凝胶电泳对枣疯病病株和健株进行了不同时期的过氧化物酶（POD）同工酶检测，结果表明枣疯病病原侵染枣树后导致了 POD 同工酶谱带颜色的加深和谱带的增加，也就是说酶活性增强。宋淑梅等（2001）通过测定枣疯病病株和枣树健株的花器、叶片、枝条和根中的过氧化物酶酶活性和同工酶的变化，结果也表明，病株各不同器官中的酶活性显著地比健株相应的各器官中的酶活性高，同时病株的酶谱中有新的酶带出现。

POD 同工酶酶谱一般可以分为 A、B、C 区，A 区为慢带区，B 区为中带区，C 区为快带区。笔者于 2000 年 5 月底进行 POD 同工酶试验，设健树叶片、治疗树叶片和疯树健叶与疯叶 4 个处理，9 次重复。结果显示，4 个处理的 POD 同工酶酶谱没有明显差异。这说明此时期与过氧化物酶相关的基因在蛋白质水平的表达在患病树与健康树之间没有出现显著变化。

于 2000 年 9 月下旬进行 POD 同工酶试验，设健树叶、治疗后无表观症状的树叶、治疗后有症状树的健叶与疯叶、中度患病树的健叶与疯叶、重度患病树的疯叶 7 个处理。由 POD 同工酶酶谱可以看出，所有处理叶片的 POD 同工酶酶带基本集中在酶谱的正负两极，快带区（C 区）3 条谱带均为强带，在各个处理间没有显著差异；而 A、B 两区在疯树叶、治疗树叶和健树叶间差异非常显著。各处理叶片酶带情况见 POD 同工酶酶谱示意图（图 8-20）。

从以上 POD 同工酶酶谱示意图可以看出，随着表观症状的加重，A 区的 4 条酶带和 B 区的 1 条酶带依次出现，在健树、治疗树和疯树间是从无到有，从浅到深，患病程度越重，A 区和 B 区的酶带越多，而且酶带的颜色越深。

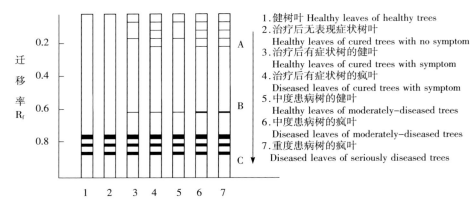

图 8-20　疯树疯叶与健叶、治疗树叶和健树健叶中 POD 同工酶酶谱示意图（9月）

Fig. 8-20　The POD isozyme of leaves from healthy,

cured and diseased trees（September）

这表明枣树受植原体侵染后，发病部位的叶片中产生的 POD 同工酶的数量和种类大量增加，而且随着患病程度的加重，即植株体内植原体数量的增加，这些 POD 同工酶的表达量越多。后来，杜绍华（2005）也对不同抗病品种的枣树在侵染枣疯病病原后的 POD 同工酶进行了研究，取得了相似结果。

在 5 月底和 9 月下旬不同时期的 POD 同工酶试验结果明显不同，5 月底疯树、治疗树叶和健树叶片 POD 同工酶酶谱之间没有显著差异，而 9 月下旬疯叶、治疗树叶和健树叶片的 POD 同工酶酶谱出现了很大差异。分析其原因，可能是因为 5 月底患病树才刚刚开始发病，枣疯病植原体还没有大量繁殖，受其影响的 POD 同工酶的表达还没有被诱导，所以病健树间没有显著差异。而 9 月下旬，患病树处于发病高峰期，枣疯病植原体进行大量繁殖，病情越重，植原体数量越多，活性增强，受其影响的 POD 同工酶大量产生、表达，导致在 POD 同工酶酶谱上出现显著差异。

另外，曲泽洲、王秀伶、张惠梅等在枣上的研究均表明，不同采样时期对 POD 同工酶酶谱有一定影响，并且指出 8 月份以后的 POD 同工酶酶谱具有较好的稳定性。故笔者上述在 9 月下旬的 POD 同工酶研究结果可能具有较好的代表性。

（二）多酚氧化酶（PPO）同工酶及酯酶（EST）同工酶

杜绍华（2005）对接种枣疯病植原体后的婆枣组培苗进行了 PPO 同工酶电泳分析，婆枣敏感品种 JL15 在接种后，PPO 同工酶在前 3d 无显著变化，第四天，迁移率为 0.17 的同工酶谱带活性加强，第五天，较对照增加了一条迁移率为 0.18 的酶带，此后保持稳定（图 8-21）。

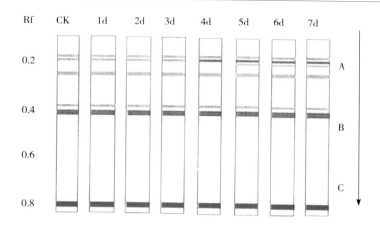

图 8 - 21　敏感品种婆枣接种枣疯病病原后 PPO
同工酶的变化（杜绍华，2005）

Fig. 8 - 21　The variation of PPO isozyme in the leaves of plantlets
affected with JWB phytoplasma （Du Shaohua，2005）

　　杜绍华还对枣疯病病树的酯酶（EST）同工酶进行了分析。结果表明，感病品种在接种病原后，EST 同工酶谱带基本无变化，在第六天后，迁移率为0.6 的同工酶谱带活性升高（图 8 - 22）。

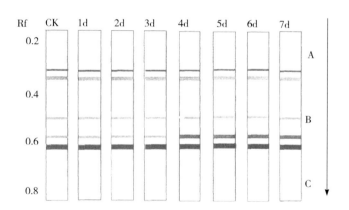

图 8 - 22　敏感品种婆枣接种枣疯病病原后 EST 同工酶
的变化（杜绍华，2005）

Fig. 8 - 22　The variation of EST isozyme in the leaves of plantlets affected
with JWB phytoplasma （Du Shaohua，2005）

（三）苯丙氨酸解氨酶（PAL）同工酶

　　苯丙氨酸解氨酶（PAL）是植物次生代谢过程中的关键酶之一，植物次生代谢途径特别是苯丙烷途径与植物的抗病性直接相关。当植物受病原菌侵染后，通常 PAL 酶活性有所提高，同时伴有木质素、绿原酸等抗菌物质合成的增加，在植物抗病过程中起着化学屏障作用（张江涛，1987；叶茂炳等，1990；周桂元等，2002）。

张淑红（2004）以婆枣（JL 系列）、壶瓶枣（Hu 系列）、蛤蟆枣（Ha）3个品种 6 个株系为试材，在枣树萌芽后通过皮接和枝接接种病原植原体，采用随机取样法，在枣树旺盛生长期取其枣吊进行酶活性测定。结果发现，不同枣树品种的 PAL 酶活性变化有一定规律，抗病品种 JL10、Hu1、Ha3 均比感病的 JL15 和 Hu6 高（表 8 - 2）。该研究认为，枣树受植原体侵染后，PAL 酶被诱导激活，启动苯丙烷代谢途径产生次生代谢物质，抑制病菌生长。抗病品种由于被激活的速度快，可迅速产生大量的抗菌物质以控制病菌的侵染和扩展，而感病品种由于次生代谢途径启动较慢，体内的抗菌物质不足以抵抗大量病菌的侵入，因而表现病状。同一品种不同发病程度 JLD（发病重）的 PAL 活性比 JL15（发病轻）高，说明随着症状的逐渐加重枣树体内诱导产生的 PAL 酶活性也逐渐增强，产生更多的抗菌物质抵抗病原的扩展，同时也表明枣树与病原的互作是一个动态变化的过程。

表 8 - 2　不同病情枣树品种及株系 PAL 酶活性比较（张淑红，2004）

Table 8 - 2　The PAL activity of cultivars and types with different diseased state（Zhang Shuhong，2004）

品种株系 Cultivar/Strain	PAL 酶活性 PAL activity			平均值 Average
JL10	1. 358 5	1. 347 8	1. 339 2	1. 348 5
JL15	1. 226 9	1. 195 3	1. 224 9	1. 215 7
JLD	1. 211 3	1. 378 0	1. 248 9	1. 279 4
Hu1	1. 159 5	1. 241 0	1. 204 4	1. 218 3
Hu6	1. 235 3	1. 149 3	1. 202 5	1. 195 7
Ha3	1. 157 8	1. 205 4	1. 300 7	1. 231 3

注：以 OD 290nm 测定值表示其活性大小。

Note：The OD 290nm value stand for the PAL activity.

四、枣疯病与酚类和氨基酸

国内外的研究均表明，枣树感染枣疯病后在酚类物质方面有显著变化。

韩国的 KimY. H.（1973）研究了枣疯病树中的化学成分变化，指出病叶与健叶相比缺少 3 种酚类，并缺少 1 种胡萝卜素，而且邻苯三酚单宁（Pyrogalloltannin）的含量显著低于健叶。

我国的温秀军等（2006）和郭晓军等（2006）通过抗病与感病枣树品系进行对比分析，发现抗病和感病品系间在酚类物质含量、绿原酸含量和蛋白质含量间都存在显著差异。在抗病品种中发现了一种感病品种所没有的酚类物质，经提取测定，该物质的提取液可对过氧化物酶、吲哚乙酸氧化酶的活性产生显著影响。温秀军等（2006）选用了婆枣抗病单株健枝包括 JL10 - 1H、JL10 - 2H、JL24H；壶瓶枣疯枝（Hu1D）和壶瓶枣健枝（Hu1H）；普通婆枣疯枝（JL1D）和普通婆枣健树健枝（JL2H）；酸枣疯枝（SuanD）和酸枣健枝（SuanH）、抗病壶瓶枣健枝（Hu6H）共 2 个枣树品种和 1 个酸枣品种 9 株枣苗的 10 个样品进行了酚类物质的提取和 TLC 分析。通过层析分析发现在异丙醇相中，在 7 月和 9 月采集的 JL10 - 2H、JL24H、Hu1H、JL2H、Hu6H 材料中均发现有浅蓝色荧光带，其 Rf 值为 0.50 左右，其中以 7 月份采集的 Hu6H 材料最明显，其中 JL10 - 2、JL24 为婆枣抗病单株，Hu1、Hu6 为壶瓶枣单株，JL2 为普通婆枣健树。在正丁醇相中，7 月采集的 10 个样品中只有 SuanD 样品中出现了很强的 Rf 值约 0.18 的荧光点，其他样品只有很淡的荧光出现或没有荧光。在 9 月采集的样品中，除仍在发病的酸枣疯枝 SuanD 样品中 Rf 值约 0.18 的位置出现了很强的荧光点，在抗病婆枣单株 JL10 - 1H 和 JL24H 样品中没有出现荧光点外，在 JL10 - 2 中出现了很弱的荧光点，在发病材料 Hu1D 中出现了 2 个荧光点，Rf 值分别为 0.12 和 0.20，普通婆枣病材料在 Rf 值 0.1 位置上出现了荧光点，在抗病的壶瓶枣两个材料 Hu1、Hu6 中也发现了荧光点，Rf 值约为 0.15。以上结果表明，选择的 JL 系列（婆枣）抗病单株在某些酚类物质代谢方面与抗病的 Hu 系列（壶瓶枣）存在差异，两者在酚类物质的含量和成分上均与感病材料有显著差异。

为了解薄层层析出现的蓝色荧光带是否与抗枣疯病抗性有关，对其进行了专门回收，测定了其对样品酶液 POD 酶、IAAO 酶以及纯 HRP 酶液活性变化的影响。首先进行粗回收，即：点样、层析、切取荧光斑（带）、甲醇溶解、离心去硅胶粉、留上清液低温蒸发定容。测定了其对不同品种枣树中提取的酶液和纯 HRP 酶液的 POD 酶和 IAAO 酶活性的影响。结果表明，抗病枣树中含有酚类物质的粗提液对从枣树中提取的样品酶液和纯 HRP 酶液中 POD 酶、IAAO 酶活性有显著影响，可以明显降低 POD 酶的活性。对 IAAO 酶的影响则出现矛盾，粗提液对枣树样品酶液 IAAO 酶活性大多数表现出抑制作用但对婆枣疯枝酶液，则显示可提高酶活性。对纯 HRP 酶液的 IAAO 酶活也表现出具有增强作用。其对枣树生理代谢的影响还有待于进一步研究。

王胜坤等（2006）也对不同抗病枣树品系叶片中内酚类物质和绿原酸含量进行了测定，结果表明，同一枣树品种中抗病单株叶片该两种物质的含量都明显高于感病单株，并且同一单株病健叶相比，健叶高于病叶，分析可能是抗病强的单株受植原体侵染后迅速积累较多的抗菌物质来抵挡病菌的进一步发展。

在枣疯病与氨基酸的关系方面，莽克强等（1974）也曾进行了研究，结果表明枣树感染植原体后叶片游离氨基酸的变化远比一些草本植物剧烈得多；枣树染病叶片内多种游离氨基酸的浓度几乎在整个生长季中持续大幅度提高，游离氨基酸总量高出健叶 10～15 倍，谷氨酸和天门冬酰胺高出 4～5 倍；病叶中精氨酸也出现不正常积累，而健叶中很少有精氨酸出现；特别是病叶中含有健叶所没有的 A 和 B 两种物质，初步分析 A、B 可能是由天门冬氨酸、苯丙氨酸、谷氨酸、丙氨酸和缬氨酸 5 种氨基酸组成的肽类物质，并且可能含有嘌呤、嘧啶碱基，但尚不清楚含有碱基的 A、B 两种物质是否与病树不定芽和隐芽的大量萌发有关。这方面还有待于深入研究。

五、枣疯病与 pH

在动物支原体培养中，发现大多数支原体在利用外源能源物质的过程中，能产生酸或碱类的代谢产物，使培养基中的 pH 降低或升高（何存利等，1998；戴维平等，1996）。在枣疯病植原体增殖过程中，是否也会产生一些酸、碱类的代谢产物，从而改变患病植株体液环境呢？为了探讨枣疯病植原体在此方面的作用，笔者于 2002 年 9 月对 8 株患枣疯病病株健叶与病叶，8 株健株叶片的浸提液进行了 pH 测定和比较。

表 8-3　健株叶片、同一病株的健叶与病叶中体液 pH 比较
Table 8-3　The comparison of pH among the leaves of healthy and diseased trees

处理 Treat 序号 No.	清水对照 CK	健株叶片 Healthy leaves of health trees	病株健叶 Healthy leaves of diseased trees	病株病叶 Diseased leaves of diseased trees
1	5.52	6.15	6.07	5.80
2	5.52	6.11	6.01	5.78
3	5.52	6.12	6.03	5.76
4	5.52	6.18	6.07	5.77
5	5.52	6.13	6.02	5.81
6	5.52	6.08	6.04	5.80
7	5.52	6.20	6.02	5.78
8	5.52	6.18	6.01	5.76
平均值 Average	5.52	6.14	6.03	5.78

从表 8-3 可以看出，健株叶体液 pH 最高，病株健叶其次，而病株病叶

的体液 pH 最低。该结果说明枣疯病植原体侵染导致了发病树整体体液环境的酸化。此结果也反应了枣疯病植原体有类似于动物支原体的特性，在生长增殖过程中会产生某些酸类物质，从而降低周围环境的 pH，进而影响细胞的生理生化过程，造成代谢紊乱。

由激素、矿质营养和 POD 同工酶以及体液 pH 的变化等研究进行综合分析可以看出，枣疯植原体侵染枣树后，引起了一系列的生理生化变化，包括激素比例的失调、酶系统代谢类型的改变、体液环境的酸化和矿质营养的收支失衡等。

参考文献

[1] 陈子文，陈永萱，陈泽安．枣疯病研究的进展．南京农业大学学报．1991，4

[2] 程建勇，吴建宇，秦西云等．云南烟草丛枝病害研究．Ⅶ激素的变化．云南农业大学学报．1999，14（2）：176～179

[3] 戴维平，赵洪兴，周智爱等．支原体污染对动物组织培养中细胞特性的影响．上海农业学报．1996，12（1）：5～8

[4] 杜绍华．枣疯病病程相关抗性生理指标的研究．河北农业大学硕士学位论文．2005

[5] 何存利，谢琴，王东等．绵羊肺炎支原体的培养与提纯．甘肃畜牧兽医．1998，139（2）：4～6

[6] 何放亭，武红巾，陈子文等．C/A 值与甘薯丛枝病症状发生的关系．植物病理学报．1997，27（1）：43～46

[7] 刘慧，王为木，杨晓华等．我国苹果矿质营养研究现状．山东农业大学学报（自然科学版）．2001，32（2）：245～250

[8] 荞克强，李德葆，王小凤等．枣疯叶内游离氨基酸纸层析的研究．微生物学报．1974，14（2）：224～229

[9] 潘瑞炽，董愚得主编．植物生理学．北京：人民教育出版社，1980

[10] 宋淑梅，张中慧，宋东辉等．枣疯病与过氧化物酶活性变化的研究．山西农业大学学报．2001，20～23

[11] 田国忠，袁巧平，黄钦才等．类菌原体（MLO）的致病机理探讨．植物病理学研究进展．1995，303～307

[12] 王清和，朱汉城，赵忠仁，同德全．枣疯病病原的探索．植物保护学报．1964（2）：195～198

[13] 王蕤，孙季琴，王守宗．激素对泡桐丛枝病发生的影响．林业科学．1981，17（3）：281～286

[14] 叶茂炳，徐朗莱．苯丙氨酸解氨酶和绿原酸与小麦抗赤霉病的关系．南京农业大学学报．1990，13（3）：103～107

[15] 张江涛．苯丙氨酸解氨酶与水稻抗稻瘟病的关系．植物生理学通讯．1987（6）：34～37

［16］张淑红，高宝嘉，温秀军．枣疯病过氧化物酶及苯丙氨酸解氨酶的研究．植物保护．
2004，30（5）：59～62

［17］赵锦，刘孟军，代丽等．枣疯病病树中内源激素的变化研究．中国农业科学．2006，
39（11）：2 255～2 260

［18］赵锦．枣疯病病原周年消长规律及其病害生理研究．河北农业大学博士学位论
文．2003

［19］周桂元，梁炫强．花生种子苯丙氨酸解氨酶活性与抗黄曲霉侵染的关系．花生学报．
2002，31（1）：14～17

［20］Kim Y. H. Variation of phenolie substanees in the leaves of jujube tree（*Ziziphus jujuba*
Miller var. *inermis* Rehder）infected with witches'-broom disease（1）．韩国全北大学
校农大论文集．1973，4：24～29

第九章　抗枣疯病种质及其抗病机制

　　采用在重疯树上高接被鉴定种质的高强度接种方法可以高效筛选对枣疯病高抗及免疫的种质材料。

　　笔者经过初选、复选和决选筛选出了4份高抗枣疯病种质，其中高抗骏枣单系通过审定，并定名为星光。星光对枣疯病有极强的抗性，果实制干率高，综合品质优良。

　　星光对枣疯植原体有一个逐渐适应的过程，属于诱导性抗病。通过对基因组及蛋白组水平的分析，发现了嫁接侵染后星光中有抗病相关蛋白和基因的出现与表达。

　　抗枣疯病品种的推广应用可以从根本上解决新建枣园中枣疯病的发生与蔓延问题，所以选育抗病品种一直是枣疯病防治工作的重点研究方向。

　　在韩国，Yun M. S. 等（1990）研究指出不同枣品种的对枣疯病的抗性存在明显差异，如无等枣和酸枣B嫁接染病率只有3.6％和7.2％，而Je‐8和Jg‐10两个品系染病率则高达94.1％和100％。韩国因为枣种质资源有限，高抗枣疯病品种选育工作进展不大。

　　在我国，因为枣树品种资源非常丰富，培育和发展抗病性强的品种极具前景，对于控制枣疯病发生发展具有重要意义。但因为抗枣疯病品种的选育需要较长的时间，真正进行枣疯病抗病育种研究的单位并不多。河北农业大学中国枣研究中心与河北省林业科学院近年来一直致力于这方面的研究工作。

　　河北省林业科学院温秀军等（2001）利用嫁接病皮的方法，连续两年测定了采自山西省果树研究所国家枣资源圃的5个枣树品种砘子枣、马牙枣、长红枣、蛤蟆枣、壶瓶枣及河北省唐县的婆枣和酸枣的抗病性。通过4年的跟踪观察，以上7种枣树的发病率分别是100％、78.5％、66.67％、0、0、100％、80％。结果表明，壶瓶枣和蛤蟆枣对枣疯病具有高度抗性。利用连续3年2次嫁接病皮和1次嫁接病枝的方法，测定了采自河北太行山区7个县的婆枣45个单系112株根蘖苗的抗病性，结果有3个单系的6株根蘖苗一直未疯，表现出了很强的抗性。

笔者在枣疯病的抗性资源筛选方面进行了 10 年的研究，有关研究和结果介绍如下。

一、抗枣疯病种质的筛选评价方法

因为植原体至今还难以分离培养，所以病原侵染均采用嫁接方法。在枣疯病的抗性鉴定中，传统上多采用在被鉴定种质上嫁接病皮的方法。笔者在抗病种质筛选的田间实践中，摸索建立了通过在重疯（Ⅳ～Ⅴ级疯树：病枝占总枝量的 2/3 以上）枣树上高接被鉴定种质的高强度枣疯病抗性鉴定新方法。

1998—1999 年，笔者进行了在待鉴定种质幼树上嫁接病皮和在重疯树上高接被鉴定种质两种抗性鉴定方法的比较，其中 8 份材料的比较结果见表9-1。

表 9-1 两种抗性鉴定方法的筛选效果比较

Table 9-1 The comparison of two methods for screening germplasma with resistance to JWB

待鉴定品种 Cultivar	待鉴定种质幼树嫁接病皮 Grafting diseased bark onto healthy germplasm		重疯树上高接待鉴定种质 Grafting healthy germplasm onto seriously diseased tree	
	当年发病率（%） Diseased rate	病情级别（级） Diseased grade	当年发病率（%） Diseased rate	病情级别（级） Diseased grade
九月青 Jiuyueqing	0.0	0	57.1	Ⅴ
南京木枣 Nanjingmuzao	0.0	0	25.0	Ⅱ～Ⅲ
灌阳短枣 Guanyangduanzao	0.0	0	75.0	Ⅴ
大荔圆枣 Daliyuanzao	10.0	Ⅱ	75.0	Ⅴ
河北屯屯枣 Hebeituntunzao	10.0	Ⅱ	100.0	Ⅴ
永城长红 Yongchengchanghong	16.7	Ⅲ	100.0	Ⅴ
婆婆枣 Popozao	0.0	0	57.1	Ⅳ～Ⅴ
婆枣 Pozao	0.0	0	100.0	Ⅴ

嫁接病皮试验：1998 年 6 月在网室中进行嫁接病皮试验，以收集到的待鉴定种质幼树为砧木，采取工字型开窗式皮接新鲜病皮（0.5cm×1.5cm），嫁接时从砧木基部 10～20cm 处起嫁接病皮，共接 3 块，病皮相互错开，间隔 3～5cm。各处理重复 6 次（株）以上。病皮采自同一重疯树上的同一重疯枝，

并且在重复时按处理株顺序分别正向和反向取病皮，以保证病皮中所带病原量的一致性。在当年的7、8、9月份，对嫁接后幼树的发病情况进行跟踪调查，以发病情况稳定后的9月份的调查结果作为该种质的发病率。1999年6月重复上述试验。

病树高接被鉴定种质试验： 在重疯树上高接被鉴定种质的方法是，选择树冠较大、疯枝较多、生长势仍较强的成龄病树（本试验选用的品种为婆枣），于春季枣树萌芽后在病树上高接被鉴定种质材料，每份材料在每株病树上重复1~3次，依此重复5株以上，每份材料至少重复15个接穗，嫁接成活后观测发病情况。1998年5月和1999年5月重复以上试验，并连续7年观察枣疯病的发生情况，比较抗病种质材料的抗病程度。

由表9-1可以看出，在重病树上枝接待鉴定种质材料的选择强度显著大于在健康的待鉴定种质上嫁接病皮的选择强度。所以，通过在重疯树上高接被鉴定种质可以高效筛选对枣疯病高抗及免疫的种质材料。

二、抗枣疯病种质的筛选

（一）抗枣疯病种质资源的调查、收集、保存

在查阅资料、电话和通信征集及向有关专家和科技工作者咨询的基础上，笔者组织课题组成员从广西的灌阳，安徽的宣州和濉溪，江西的德安，江苏南京，辽宁葫芦岛，陕西省林业科学研究所及清涧、佳县，山西省果树研究所国家枣种质资源圃、吕梁、运城，河南的新郑、永城、嵩县和灵宝，山东省果树研究所及滕州、枣庄，河北省果树研究所和太行山枣区等地进行实地考察，从全国700多个枣品种中甄别收集了29个从来未发现或很少发生枣疯病的枣品种（类型）单系，建立了抗枣疯病种质资源保存圃（表9-2），相同品种分单株采样。患枣疯病的婆枣病株作为嫁接砧木和病皮采集源。

表9-2 收集的供试鉴定品种或类型

Table 9-2 Cultivars and strains collected for identification of resistance to JWB

编号 No.	品种（单系） Cultivar or strain	采集地 Collected site	编号 No.	品种（单系） Cultlivar or strain	采集地 Collected site
1	灵宝大枣 Lingbaodazao	河南灵宝 Henan	4	无名枣 Wumingzao	河南省林业科学研究所 Henan
2	九月青 Jiuyueqing	河南新郑 Henan	5	南京木枣 Nanjingmuzao	江苏 Jiangsu
3	笨疙瘩枣 Bengedazao	河南嵩县 Henan	6	官滩枣 Guantanzao	山西省果树研究所 Shanxi

（续）

编号 No.	品种（单系）Cultivar or strain	采集地 Collected site	编号 No.	品种（单系）Cultlivar or strain	采集地 Collected site
7	宣城圆枣 Xuanchengyuanzao	安徽宣州水东 Anhui	19	婆婆枣 Popozao	山西 Shanxi
8	大荔圆枣 Daliyuanzao	陕西大荔 Shaanxi	20	骏枣 Junzao	山西 Shanxi
9	灌阳短枣 Guanyangduanzao	广西灌阳 Guangxi	21	郎溪甜枣 Liangxitianzao	安徽郎溪 Anhui
10	河北屯屯枣 Hebeituntunzao	河北省果树研究所 Hebei	22	山西屯屯枣 Shanxituntunzao	山西 Shanxi
11	永城长红 Yongchengchanghong	河南永城 Henan	23	清徐圆枣 Qingxuyuanzao	山西 Shanxi
12	江西甜瓜枣 Jiangxitianguazao	江西德安 Jiangxi	24	广德木枣 Guangdemuzao	安徽郎溪 Anhui
13	壶瓶枣 Hupingzao	山西省果树研究所 Shanxi	25	火石沟铃枣 Huoshigoulingzao	山东枣庄 Shandong
14	秤砣枣 Chengtuozao	山西省果树研究所 Shanxi	26	歙县秤砣枣 Shexianchengtuozao	安徽 Anhui
15	襄汾崖枣 Xiangfenyazao	山西 Shanxi	27	蜂蜜汁 Fengmizhi	安徽 Anhui
16	大荔水枣 Dalishuizao	陕西 Shaanxi	28	婆枣疯改健1 Pozao1	河北阜平 Hebei
17	颜吉山大酸枣1 Yanjishandasuanzao1	山东腾州 Shandong	29	婆枣疯改健2 Pozao2	河北阜平 Hebei
18	颜吉山大酸枣2 Yanjishandasuanzao2	山东腾州 Shandong			

（二）抗枣疯病种质资源的筛选

1. 初选　1998—1999 年，在河北省阜平县利用在婆枣重病树上高接被鉴定种质的抗病性鉴定方法，对抗病种质资源进行初选。

通过 1998、1999 年的嫁接试验，从供试 29 个品种的 200 多份单株材料中，初步筛选出病情指数 30 以下、抗性明显强于一直被认为对枣疯病有高度抗性的婆婆枣的种质材料 7 份（表 9-3）。它们分别是南京木枣、壶瓶枣、秤砣枣、骏枣、屯屯枣、清徐圆枣和火石沟铃枣。在 7 个抗病种质中，除温秀军（2001）等对壶瓶枣的高抗性进行了报道外，其余 6 个均为首次发现。

表 9 - 3　1998—1999 年抗病种质鉴定结果

Table 9 - 3　Identification results of germplasm on the resistence to JWB in 1998—1999

品种或类型 Cultivar or strain	未发病率（%） Survival rate	病情指数 Disease index	品种或类型 Cultivar or strain	未发病率（%） Survival rate	病情指数 Disease index
歙县秤砣枣 Shexianchengtuozao	42.86	57.14	江西甜瓜枣 Jiangxitianguazao	0	95
蜂蜜汁 Fengmizhi	50	50	壶瓶枣 Hupingzao	90	10
婆枣疯改健 1 Pozao2	0	70	秤砣枣 Chengtuozao	66.7	17.78
婆枣疯改健 2 Pozao2	25	60	襄汾崖枣 Xiangfenyazao	16.7	83.33
灵宝大枣 Lingbaodazao	30	60	大荔水枣 Dalishuizao	50	50
九月青 Jiuyueqing	42.86	40	颜吉山大酸枣 1 Yanjishandasuanzao1	14.3	78.57
笨疙瘩枣 Bengedazao	0	100	颜吉山大酸枣 2 Yanjishandasuanzao2	11.1	73.33
无名枣 Wumingzao	25	75	婆婆枣 Popozao	42.86	37.14
南京木枣 Nanjingmuzao	75	12.5	骏　枣 Junzao	87.5	12.5
官滩枣 Guantanzao	50	50	郎溪甜枣 Liangxitianzao	60	45
宣城圆枣 Xuanchengyuanzao	37.5	33.3	山西屯屯枣 Shanxituntunzao	71.43	28.57
大荔圆枣 Daliyuanzao	25	75	清徐圆枣 Qingxuyuanzao	75	28.13
灌阳短枣 Guanyangtuanzao	25	65	广德木枣 Guangdemuzao	25	75
河北屯屯枣 Hebeituntunzao	0	92	火石沟铃枣 Huoshigoulingzao	100	0
永城长红 Yongchengchanghong	0	100	婆枣 CK Pozao	10.2	86.33

调查结果表明，高抗枣疯病种质的普遍特征为，发病率低、发病晚、病情

发展缓慢，最终表现的病情轻（很少出现丛枝和密丛等严重症状），而且有的抗病种质在生长后期枣疯病症状逐渐减轻，甚至康复；抗性弱的种质通常在嫁接 1 个月后即出现丛枝或密丛症状，大部分发病率达 70% 以上。特别需要指出的是，同一枣品种的不同单株（系）之间在抗病性方面具有显著差异。

2. 复选 根据以上结果，2000—2002 年，在河北省阜平县和唐县对初选出的抗枣疯病种质进一步高接鉴定，评价其抗病稳定性，进行复选。每份材料在每株病树上重复 3 次，重复 5 株以上，即每份材料至少重复 15 个接穗。

通过 3 年的筛选验证，发现其中 4 个单系，即骏枣单系、秤砣枣单系、清徐圆枣单系和南京木枣单系发病率均为 0，抗病性非常稳定，抗性显著强于其他品种。2000 年嫁接试验的当年及第二、三年发病率见表 9 - 4，高抗骏枣单系的抗病性表现见图 9 - 1，部分枝条当年少量结果情况见图 9 - 2。

表 9 - 4 2000—2002 年 7 个抗病单系鉴定结果（2000 年嫁接试验）

Table 9 - 4 Identification results of 7 strains with high resistence to JWB in 2000—2002 (grafting in 2000)

品种或类型 Cultivar or strain	嫁接接穗成活数（个）Survived cions	2000 年发病率（%）Diseased rate in 2000	2001—2002 年发病率（%）Diseased rate in 2001—2002
婆枣（CK）Pozao	34	100a	100a
山西屯屯枣 Shanxituntunzao	32	55.6b	55.6b
火石沟铃枣 Houshigoulingzao	36	22.2c	22.2c
骏枣抗枣疯病单系 Junzao	30	0.0d	0.0d
南京木枣抗枣疯病单系 Nanjingmuzao	38	0.0d	0.0d
秤砣枣抗枣疯病单系 Chengtuozao	34	0.0d	0.0d
清徐圆枣抗枣疯病单系 Qingxuyuanzao	31	0.0d	0.0d
壶瓶枣 Hupingzao	30	14.3c	14.3c

对筛选出的 4 个高抗病单系进行了经济学和栽培学性状观察，南京木枣单系果实较大，肉质疏松，少汁、味淡；在河北结果较晚，产量一般，可用于制作蜜枣，在北方地区不宜规模发展；秤砣枣单系果实大，果肉质地硬，

品质一般，为中熟蜜枣品种，但蜜枣质量中等，也不适宜北方栽培；清徐圆枣果实中大，近圆形，结果晚，产量中等，适宜鲜食和制干，但采前裂果和

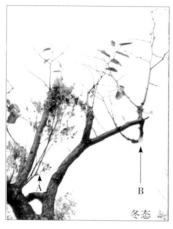

图 9 - 1　抗枣疯病资源筛选情况

A. 感病品种丛枝状，冬季不能正常落叶　B. 抗病品种枝条正常，冬季正常落叶

C. 感病品种丛枝状，大部分枝条枯死　D. 抗病品种健康生长，并正常结果

Fig. 9 - 1　Screening of germplasm with high resistance to JWB

A. Sensitive cultivar with witches' broom，leaves keeping on the tree in winter

B. Cultivars with high resistance to JWB with normal branch，leaves dropping normally in winter

C. Sensitive cultivar with witches'broom，most branches had been dead

D. Cultivars with high resistance to JWB with normal branches and fruiting

图 9 - 2　利用骏枣单系高接重病树后当年结果情况

Fig. 9 - 2　The fruiting condition of the diseased tree reconstructed by 'Junzao' strain with high resistance

落果严重，不宜做主栽品种；只有抗病种质骏枣单系——抗疯1号果实大、品质上等，适宜制作红枣、醉枣和蜜枣，产量较高，在河北中部及南部表现良好，可在北方枣区应用推广。随后，笔者用高抗枣疯病的骏枣单系进行了病树改造试验。

3. 决选 2002—2005 年，在河北省阜平县枣疯病年发病率高达 5%～10% 的山区枣园，利用选出的骏枣高抗种质（抗疯1号）为接穗，对成龄重病树进行了高接换头。2002 年嫁接 30 个接穗，2003 年嫁接 50 个接穗，2004 年嫁接 58 个接穗，2005 年嫁接 82 个接穗，以感病品种婆枣接穗为对照，调查抗病种质发病枝率，从而明确利用抗病种质接穗进行病树改造的效果。

由表 9-5 可以看出，筛选出的骏枣单系对枣疯病抗性稳定，利用其进行高接改造后的病树，树冠生长旺盛，冬季正常落叶，在周围枣疯病严重发生的环境中，发病率一直为 0。2005 年，此高抗枣疯病骏枣单系通过了河北省科技厅组织的专家鉴定和河北省林木品种审定委员会的审定，正式定名为星光。

表 9-5 2002—2005 年利用骏枣单系进行病树改造试验结果

Table 9-5 Crown reconstruction of diseased tree by 'Junzao' strain with high resistence to JWB in 2002—2005

品种/品系 Cultivar/strain	年份 Year	发病率（%） Diseased rate	生长势 Vigor	枝条结果率 Fruiting rate of grafted branch（%）	冬季落叶情况 Leaf fall in winter
	2002	0	强 Strong	16.0	正常 Normal
骏枣单系	2003	0	强 Strong	12.0	正常 Normal
Junzao strain	2004	0	强 Strong	21.4	正常 Normal
	2005	0	强 Strong	15.4	正常 Normal
	2002	100	弱 Weak	0	不正常 Not fall
婆枣对照	2003	100	弱 Weak	0	不正常 Not fall
Pozao（CK）	2004	100	弱 Weak	0	不正常 Not fall
	2005	100	弱 Weak	0	不正常 Not fall

（三）抗病种质星光的特征特性

1. 植物学特征 母株树体高大，干性强，树姿半开张，树冠多呈自然圆头形。30 年生成龄树，树高 7m 左右，干径 32.3cm，冠径 6m 左右。树干灰黑色，皮裂纹较细，纵条裂，不易剥落。枣头深褐色或紫褐色，蜡层不发达，枝条较粗壮，多直立生长，长势较强。枣头平均长度 52.5cm，节间 9.1cm，平均着生二次枝 5.57 个。枣头皮孔圆形或椭圆形，小或中等大，开裂，明显凸起，密度较大。针刺细小，早落。二次枝细，弯曲不明显，着生枣股 4～6 个。枣吊中等长，着生叶片 9～11 片。叶片中等大小，长卵形，平均叶片长 6.6cm，宽 3.0cm，叶缘略有波形，叶缘锯齿浅或中等深，齿角圆。花量中等，每枣吊花量 54.6 朵，每序平均着花 4.5 朵。花较大，平均花径 7.5mm，夜开型。果实大，圆柱形或倒卵圆形，纵径 4.7cm，横径 3.3cm，平均果重 22.9g，果肩较小，略耸起，梗洼较深，中广。果顶平，柱头遗存。果柄较粗长。果面光滑，果皮薄，深红色。果肉厚，白色或绿白色。果核纺锤形，核尖长，大果有种仁，小果种仁退化。9 月中旬成熟，新枣头结果能力较强，较丰产。

2. 经济学性状　连续 3 年对星光母株和其无性系成龄树果实品质进行测定（表 9-6）。结果表明，该品系脆熟期果实含可溶性固形物 33.1%，含糖量 28.7%，酸 0.45%，每 100g 果肉含维生素 C 432mg，果实可食率 96.3%。综合评价优。果实制干率高，达到 56.4%，可做制干品种推广。

表 9-6　星光经济学性状与婆枣和赞皇大枣的比较

Table 9-6　Comparsion of economical character among of cultivar 'Xingguang', 'Pozao' and 'Zanhuangdazao'

品　种 Cultivar	单果重（g） Single fruit weight	果实含糖量（%） Fruit sugar content	果实含酸量（%） Fruit acid content	每 100g 鲜重含 维生素 C （mg） Vc content	制干率（%） Dried rate
星　光 Xingguang	22.9	28.7	0.45	432	56.4
婆枣 Pozao	11.5	24.2	0.37	342	53.1
赞皇大枣 Zanhuangdazao	17.3	26.3	0.28	311	47.8

3. 栽培学性状　星光在河北山前平原表现长势较旺，树体半开张，发枝力中等，枝条粗壮；在山地丘陵树势较缓和。结果较早，产量中上等，对肥水要求较高。花期要求较高温度，遇雨有裂果。

4. 综合评价　星光对枣疯病有极强的抗性。树体半开张，发枝力中等，枝条粗壮。果实大，圆柱形或倒卵圆形，果面光滑，果皮薄，果肉厚，可食率较高，脆熟期果实含可溶性固形物 33.1%，果实制干率高，适宜制干和制作醉枣等，鲜食品质一般，品质综合评价优。果实 9 月中旬成熟。新枣头结果能力较强，结果较早，丰产，对肥水要求较高。成熟期遇雨有裂果。

三、抗枣疯病种质星光的抗病机理研究

星光在田间表现出稳定的枣疯病抗性。笔者从星光的田间形态表现入手，从病原有无、基因组及蛋白组水平进行了其抗性机制的相关研究。

（一）星光抗病过程中的形态学变化

2004 年 5 月，严格挑取粗度及营养条件基本一致的星光以及婆枣（对照）接穗嫁接至婆枣疯树及生长条件接近的健康婆枣树，并设多次重复。于嫁接后 30、42、57、68、83、98d 用游标卡尺测定接穗上新生枝的长度和粗度，观察表观症状表现并进行植原体检测。

嫁接后 30d，星光与对照婆枣两品种的接穗刚刚萌芽，在健康和患病砧木上生长的没有明显差异（表 9‑7）。嫁接后 42～57d 时，健康婆枣树上接穗新生枝增长显著快于其他 3 种处理，粗度达到了 0.608cm。嫁接后 57～68d 时，各种处理间出现了明显差异（图 9‑3），病树上星光接穗的新生枝粗度由 0.428cm 增为 0.442cm，生长非常缓慢，而健康树上星光的接穗新生枝生长明显快于病树上的接穗，说明此时期由于植原体侵染，影响了生长。病树上婆枣接穗新生枝此时生长最快，粗度由 0.335cm 增为 0.620cm，显著快于星光，这可能是由于基因型决定的。68d 以后，星光的健康树与患病树接穗新生枝均快速增长，从图 9‑3 曲线斜率上看，增长速度接近于健康树上婆枣接穗新生枝的生长速度，而患病树上婆枣接穗新生枝的增长速度明显减慢。到 98d 时，健康婆枣接穗新生枝的粗度最大，为 0.923cm，其他 3 种处理比较接近。

表 9 - 7　抗病品种星光和感病品种婆枣嫁接到病树上后新生枝粗度的差异

Table 9 - 7　Differences between resistant cultivar 'Xingguang' and sensitive cultivar 'Pozao' in the width growth of new shoot after grafted on healthy and diseased trees

处　理 Treatment	新生枝粗度（cm）Width of new shoot					
	30d	42d	57d	68d	83d	98d
病树上星光接穗（X‑D） Xingguang grafted on diseased tree	0.221ab	0.312c	0.428b	0.442d	0.652c	0.803b
病树上婆枣接穗（P‑D） Pozao grafted on diseased tree	0.185c	0.258d	0.335c	0.620b	0.709b	0.824b
健树上星光接穗（X‑H） Xingguang grafted on healthy tree	0.240a	0.364b	0.420b	0.539c	0.731b	0.783b
健树上婆枣接穗（P‑H） Pozao grafted on healthy tree	0.208bc	0.453a	0.608a	0.671a	0.800a	0.923a

接穗上新生枝长度的变化与上述粗度的变化有很大的相似之处。嫁接 42 后，各处理之间开始出现明显差异（表 9‑8）。健康婆枣接穗新生枝的生长速

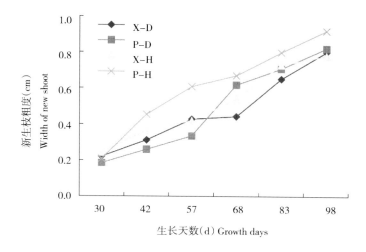

图 9 - 3　抗病品种星光和感病品种婆枣接穗新生枝粗度的变化

图 9 - 3　抗病品种星光和感病品种婆枣接穗新生枝粗度的变化

Fig. 9 - 3　Changes of the new shoot width growth of resistant cultivar 'Xingguang' and sensitive cultivar 'Pozao' after grafted on healthy and diseased trees

度最快，到嫁接 98d 时，长度生长为 81.030cm，显著快于其他 3 种处理；68d 之前，星光的患病树上接穗新生枝生长速度最慢，说明植原体显著影响了星光接穗的生长；而患病树上婆枣接穗新生枝由 42d 时的 4.488cm 变为 42.430cm，生长速度也比较快，与健康树上星光接穗新生枝生长速度接近；但 68d 后，抗、感两品种出现显著的不同，星光在两种处理下生长量均大于感病婆枣对照（图 9 - 4）。

表 9 - 8　抗病品种星光和感病品种婆枣接穗新生枝长度的变化

Table 9 - 8　New shoot length variation of 'Xingguang' and 'Pozao' grafted on diseased trees

处　　理 Treatment	新生枝长度（cm）Length of new shoot					
	30d	42d	57d	68d	83d	98d
病树上星光接穗（X - D） Xingguang grafted on diseased tree	1.630c	10.839b	21.900c	42.100c	47.400c	53.840c
病树上婆枣接穗（P - D） Pozao grafted on diseased tree	1.365d	4.485d	28.270b	42.430c	45.667c	49.352d
健树上星光接穗（X - J） Xingguang grafted on healthy tree	2.100b	8.930c	28.173b	47.088b	59.934b	68.924b
健树上婆枣接穗（P - J） Pozao grafted on healthy tree	3.627a	16.075a	53.475a	68.375a	77.500a	81.030a

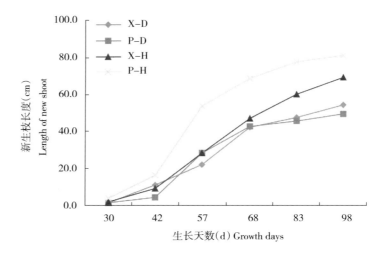

图 9-4　抗病品种星光和感病品种婆枣接穗新生枝长度的变化

Fig. 9-4　New shoot length variation of 'Xingguang' and
'Pozao' after grafted on diseased trees

　　从整体看，病树上嫁接的感病品种婆枣接穗生长势（长度和粗度）显著弱于健康树上嫁接的婆枣，而病树上嫁接的抗病品种星光接穗生长势（长度和粗度）与健康树上嫁接的星光差异较小，说明枣疯病对婆枣生长的影响要远大于星光；在嫁接后的短期内，病树上的星光生长慢于健康树上的，而到后期健康树与病树两种处理的星光接穗生长速度接近，表明星光对植原体的侵染有一个逐步适应、抗性表现逐步增强的过程。另一方面，无论在病树还是在健康树上婆枣的生长速度均大于星光，可能是基因型上的差异造成的。

　　通过对星光的表观症状进行跟踪调查发现（图 9-5），嫁接 42d 后对照品种婆枣就表现出患病症状，开始出现花梗延长、花变叶等患病的初始症状，星光此时表现正常；57d 左右婆枣症状逐渐加重，新生枣吊、枣头开始黄化，出现节间缩短等中度症状，星光此时开始少量出现花梗延长、花变叶等患病的初始症状；68d 以后二者出现非常明显的差异，婆枣出现明显的小叶、短缩丛枝等严重的枣疯病症状，而星光的新生叶片却表现正常，这一时期可能为抗病基因与病原体相互作用的关键时期。到嫁接 83d 以后，星光新生叶片完全正常，有的还结出了正常的果实，表现出很强的枣疯病抗性，而婆枣对照所有枝条均已表现出严重的枣疯病病症，表现出高度的感病特征（图 9-6）。

图 9 - 5 感病品种婆枣嫁接侵染病原后的生长表现
S1. 嫁接后 57d，出现花梗延长病症 S2. 嫁接后 68d，花变叶，出现小叶
S3. 嫁接后 83d，小叶丛生，黄化 S4. 嫁接后 98d，小叶丛生，节间缩短
S5. 嫁接后 114d，小叶丛生，节间缩短 S6. 嫁接后 210d，枣吊不脱落
Fig. 9 - 5　Growth condition of 'Pozao' sensitive to JWB grafted on diseased trees
S1. 57d after grafting　S2. 68d after grafting　S3. 83d after grafting
S4. 98d after grafting　S5. 114d after grafting　S6. 210d after grafting

图 9 - 6 抗病品种星光嫁接侵染病原后正常生长的状况
R1. 嫁接后 57d，有轻微症状 R2. 嫁接后 98d，恢复正常
R3. 嫁接后 210d，正常落叶
Fig. 9 - 6　Growth condition of 'Xingguang' resistant to JWB grafted on diseased trees
R1. 57d after grafting (light symptom)　R2. 98d after grafting (growth normally)
R3. 210d after grafting (defoliation normally)

（二）星光抗病过程中病原的繁殖情况

为了确定抗病品种接穗中的带病原情况，笔者对嫁接侵染后不同天数的星光和婆枣接穗新生枝进行了植原体的 PCR 检测，检测结果见图 9-7。

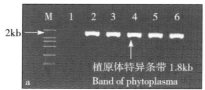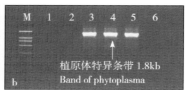

图 9-7　嫁接到病树上后婆枣及星光接穗内枣疯植原体 PCR 检测结果

a. 婆枣检测结果　b. 星光检测结果　1. 嫁接后 30d　2. 嫁接后 42d

3. 嫁接后 57d　4. 嫁接后 68d　5. 嫁接后 83d　6. 嫁接后 98d

M. DL3000 DNA Ladder

Fig. 9-7　Phytoplasma check in the new shoots of 'Pozao' and 'Xingguang'

after grafted on diseased trees using PCR

a. 'Pozao'（Senstive cultivar）　　b. 'Xingguang'（Resistent cultivar）1. 30d after grafting

2. 42d after grafting　3. 57d after grafting　4. 68d after grafting

5. 57d after grafting　6. 98d after grafting.

由图中结果可以看出，嫁接后 30d 时，星光、婆枣接穗中均检测不到植原体，说明这段时期为接穗的愈合期，植原体还未侵染接穗；42d 时在婆枣内开始检测到植原体，而星光新生组织中仍未检测到植原体，表明在结构上星光也具有一定的抗性；嫁接后 57～83d，抗、感两品种中均可检测到植原体；但嫁接后 98d 时，星光组织中已检测不到植原体，而对照婆枣中仍可检测到大量植原体存在，这可能是星光品种已经阻碍或抑制了植原体在体内的繁殖，这与表观症状相吻合。

综合表观症状和病原的检测结果来看，植原体病原进入星光内的时间晚于感病婆枣，它可能具有抑制植原体侵染的结构，有一定的结构抗性；在嫁接后 57～68d 抗病品种与对照感病品种出现了明显的差异，这段时期可能为抗病基因被诱导后的高效表达期，应该是进行分子水平研究采样及重点观测的时期；嫁接后 98d，抗病品种已检测不到植原体，而婆枣中仍有植原体的存在，说明抗病基因受植原体侵染诱导表达，使抗病品种获得了永久的抗性。

（三）星光基因组水平的抗病机制研究

笔者利用 cDNA-AFLP 技术，以感病品种赞皇大枣为对照，进行了抗枣疯病品种星光在植原体侵染后不同时期相关基因的差异表达分析。

1. 差异条带产生的时期　经 PAGE 凝胶电泳检测，从病原嫁接侵染后 55～115d 星光接穗中和对照比较都有差异条带表达，不同时期共得到差异条带 86 条，不同时期出现的差异条带数量统计结果如图 9-8。

由图 9-8 可以看出，在嫁接后 75～95d 差异条带表达较多，在植原体侵染前期（55d）和后期（115d）差异表达条带的数量较少。这可能是由于侵染前期（55d 时），星光接穗体内抗病机制并没有完全启动，表达数量较少；而随着侵染时间延长，星光体内的抗病机制开始充分表达，此期也是植原体病原和寄主体内抗病机制进行抗衡的关键时期，在表达图谱上表现出丰富的差异多态性；到侵染后期（115d 时），星光体内的抗病机制已完全运行，表达趋于稳定，植原体病原及其导致的症状在此期已经消失，差异条带数量减少。

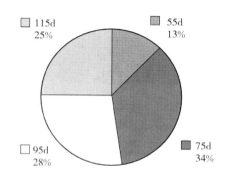

图 9-8　星光接穗嫁接侵染后不同时期差异条带所占比例

Fig. 9-8　The ratio of differential fragments in different period of 'Xingguang' after grafted on diseased tree

综上认为，嫁接侵染后 55～75d 为抗病机制的启动期，75～115d 是抗病机制的充分表达期，115d 后是抗病机制产生后的稳定期。不同时期产生的差异条带应该分别对待。

2. 差异条带类型　根据出现的差异条带类型，可以分为 4 类。主要有：

（1）与抗病相关的条带　在无植原体侵染时抗病品种中此带弱或无，而在植原体侵染的情况下此带变强或新出现，而在感病对照内无此带或条带表达逐渐减弱至消失，这种属于病原诱导抗性表达基因，与抗病相关（图 9-9）。

如图 9-9 所示，聚丙烯酰胺凝胶电泳结果显示，图中箭头所示条带为抗病品种星光接穗在嫁接后 75～115d 的差异表达条带，分析发现感病品种内此带表达逐渐减弱、消失，而抗病品种内此带依旧表达，说明此片段与抗病品种

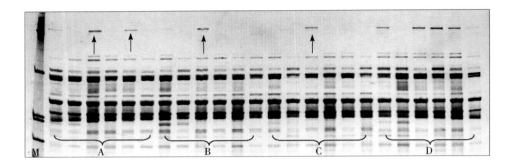

图 9 - 9　不同时期星光和感病对照赞皇大枣接穗的 cDNA - AFLP 扩增结果（1）

注：M. marker　A. 嫁接后 75d　B. 嫁接后 95d　C. 嫁接后 115d　D. 嫁接后 55d

（每 6 个样品的顺序均为：病砧木上赞皇大枣接穗、健砧木上赞皇大枣接穗、病砧木上的星光接穗、健砧木上的星光接穗、病砧木上的星光接穗、健砧木上的星光接穗）；↑ 指差异条带

Fig. 9 - 9　The cDNA - AFLP result of resistant'Xingguang'and senstive'Zanhuangdazao'（1）

Note：A. 75d after grafting；B. 95d after grafting；C. 115d after grafting；D. 55d after grafting；

（each 6 materials：Zanhuangdazao cions on diseased tree，Zanhuangdazao cions on healthy tree，

Xingguang cions on diseased tree，Xingguang cions on healthy tree，Xingguang cions on diseased tree，

Xingguang cions on healthy tree）；↑ Differential bands related to resistent to JWB

的抗病性相关。这样的条带为抗性诱导表达型。

　　（2）与感病相关条带　在无植原体侵染时感病对照中此带无或弱，而在植原体侵染的情况下此带有或变强，而在抗病品种中无论植原体侵染与否都无此带（图 9 - 10）。

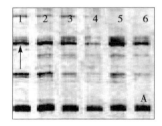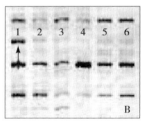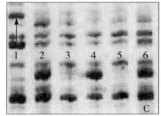

图 9 - 10　不同时期星光和感病对照赞皇大枣接穗的 cDNA - AFLP 扩增结果（2）

注：M 为 marker　A. 嫁接后 75d　B. 嫁接后 95d　C. 嫁接后 115d

1～6. 样品顺序为：病砧木上赞皇大枣接穗、健砧木上赞皇大枣接穗、病砧木上的星光接穗、健砧木上的星光接穗、病砧木上的星光接穗、健砧木上的星光接穗）；↑ 指差异条带

Fig. 9 - 10　The cDNA - AFLP result of resistant'Xingguang'and senstive'Zanhuangdazao'（2）

Note：A. 75d after grafting；B. 95d after grafting；C. 115d after grafting

（1～6 materials：Zanhuangdazao cions on diseased tree，Zanhuangdazao cions on healthy

tree，Xingguang cions on diseased tree，Xingguang cions on healthy tree，Xingguang

cions on diseased tree，Xingguang cions on healthy tree）；↑ Differential bands

如图 9‐10 所示，箭头所示条带在嫁接后期，即嫁接 75d 以后，嫁接在重疯树砧木上的感病品种（赞皇大枣）有此条带，而在健康砧木上的抗病和感病品种以及嫁接在疯树上的抗病品种内都未表达，分析此类条带为与感病相关。

（3）只与植原体侵染相关的条带　试验中还发现了植原体相关而非诱导也非抑制表达的基因，即在重疯树上嫁接的抗病及感病品种中同时出现的条带，而在健康树上嫁接的抗病、感病品种中都没有的条带（图 9‐11）。

图 9‐11 中所示条带在健康的抗病品种星光和感病品种中都有抑制，而在植原体侵染后都有表达，所以分析此带是只与植原体侵染相关，与抗病或感病没有直接关系。

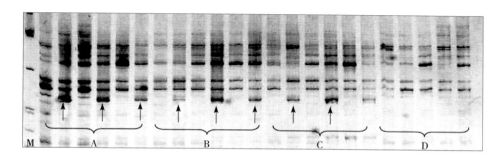

图 9‐11　不同时期星光和感病对照赞皇大枣接穗的 cDNA‐AFLP 扩增结果（3）

注：M 为 marker，A. 嫁接后 75d　B. 嫁接后 95d　C. 嫁接后 115d　D. 嫁接后 55d
（每 6 个样品的顺序均为：病砧木上赞皇大枣接穗、健砧木上赞皇大枣接穗、病砧木上的星光接穗、健砧木上的星光接穗、病砧木上的星光接穗、健砧木上的星光接穗）；↑指差异条带

Fig. 9‐11　The cDNA‐AFLP result of resistant'Xingguang'and senstive'Zanhuangdazao'(3)

Note：A. 75d after grafting　B. 95d after grafting　C. 115d after grafting　D. 55d after grafting

（the every 6 meterials：Zanhuangdazao cions on diseased tree，Zanhuangdazao cions on
healthy tree，Xingguang cions on diseased tree，Xingguang cions on healthy tree，
Xingguang cions on diseased tree，Xingguang cions on healthy tree）；↑ Differential bands

（4）品种特异条带　有些条带是星光或感病品种中特有的条带，可能与抗、感无关，也记录了下来（图 9‐12）。

如图 9‐12 所示，箭头所指 4 条条带在每个时期均有表达，且都是在抗病品种星光中表达，而在感病对照中均缺失此条带，说明这 4 条带是抗病品种所特有条带，这些条带应该是品种间的差异条带。

3. 差异条带的回收及测序分析　笔者选取了一些与枣疯病抗性相关的差异片段进行了回收（图 9‐13）及测序分析。

将上述片段的 PCR 产物送上海生物工程有限公司进行测序。测序结果利

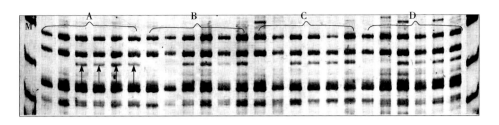

图 9 - 12　不同时期星光和感病对照赞皇大枣接穗的 cDNA - AFLP 扩增结果 （4）

注：M 为 marker，A. 嫁接后 75d　B. 嫁接后 95d　C. 嫁接后 115d　D. 嫁接后 55d
（每 6 个样品的顺序均为：病砧木上赞皇大枣接穗，健砧木上赞皇大枣接穗，病砧木上的星光
接穗，健砧木上的星光接穗，病砧木上的星光接穗，健砧木上的星光接穗）；↑ 指差异条带

Fig. 9 - 12　The cDNA - AFLP result of resistant'Xingguang'and senstive'Zanhuangdazao'（4）

A. 75d after grafting　B. 95d after grafting　C. 115d after grafting　D. 55d after grafting
（the every 6 meterials：Zanhuangdazao cions on diseased tree，Zanhuangdazao cions
on healthy tree，Xingguang cions on diseased tree，Xingguang cions on healthy tree，
Xingguang cions on diseased tree，Xingguang cions on healthy tree）；↑ Differential bands

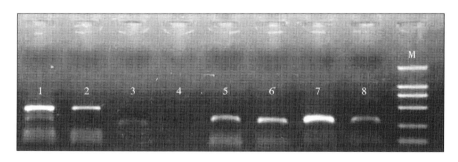

图 9 - 13　琼脂糖凝胶电泳分离二次扩增差异片段

注：M 为 DL 2000 marker；从上到下依次为 2kb，1kb，750bp，500bp，250bp，100bp

Fig. 9 - 13　Display of transcripts - derived fragments （TDFs）
on agarose gel after reamplification

Note：M：2000 marker；from above to below 2kb，1kb，750bp，500bp，250bp，100bp

用 NCBI 数据库，进行了 Blast 比对分析，其中一条 233bp 的片段与数据库中小麦条锈病诱导相关序列同源性达到了 95％，与木薯胁迫抗性相关序列同源性达到了 100％。初步确定该序列是植原体侵染后星光体内产生的抗性相关片段。

（四）星光蛋白质水平抗病机制研究

1. 病原侵染后星光在不同时期蛋白表达的差异分析　笔者通过对抗病品种星光嫁接后不同时期单向电泳的比较分析，发现抗病品种在侵染后期出现了差异蛋白。为了进一步筛选分离这些差异蛋白，继续对健康树和枣疯病病树上抗病品种星光嫁接后不同时期的蛋白进行了双向电泳分析。

经过不同处理与重复的接穗新生枝的枝皮蛋白质的双向电泳分析（2-DE），发现韧皮部部位的蛋白在不同发育阶段及供试的两个品种（赞皇大枣及星光）中大部分蛋白点的分布格局和丰度是基本一致的，集中在 pI 5～7、分子量 14～66ku 之间，说明枣韧皮部蛋白在表达方面比较稳定；嫁接后 90d 及 110d 时，分别嫁接于病、健树上的星光在酸性蛋白区域出现了显著差异（图 9-14 至图 9-19）。

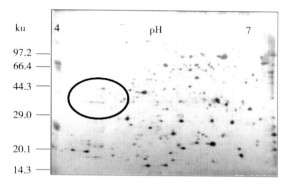

图 9-14　星光嫁接 70d 双向电泳图谱（健树）

Fig. 9-14　2-DE gel of 'Xingguang' 70d after grafted on healthy tree

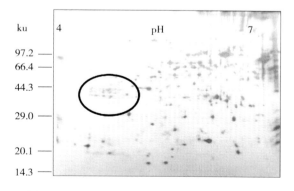

图 9-15　星光嫁接 70d 双向电泳图谱（疯树）

Fig. 9-15　2-DE gel of 'Xingguang' 70d after grafted on diseased tree

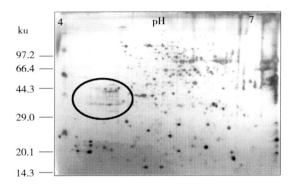

图 9 - 16　星光嫁接 90d 双向电泳图谱（健树）
Fig. 9 - 16　2 - DE gel of 'Xingguang' 90d after grafted on healthy tree

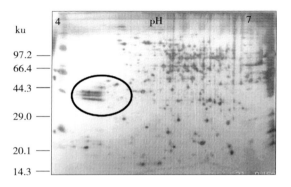

图 9 - 17　星光嫁接 90d 双向电泳图谱（疯树）
Fig. 9 - 17　2 - DE gel of 'Xingguang' 90d after grafted on diseased tree

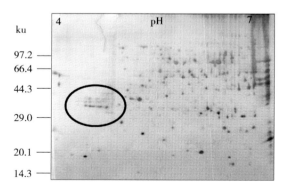

图 9 - 18　星光嫁接 110d 双向电泳图谱（健树）
Fig. 9 - 18　2 - DE gel of 'Xingguang' 110d after grafted on healthy tree

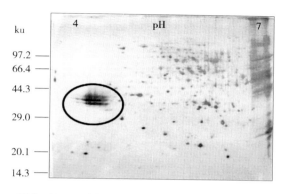

图 9 - 19　星光嫁接 110d 双向电泳图谱（疯树）

Fig. 9 - 19　2 - DE gel of 'Xingguang' 110d after grafted on diseased tree

图 9 - 14 和图 9 - 15 为星光嫁接后 70d 时的双向电泳图谱。可以看出，此时期健树与病树的 2 - DE 图谱整体上没有明显差异，但是在图中标注的椭圆区域有细微的差别，病树在这个区域蛋白的表达量比健树的有所增加。

图 9 - 16 和图 9 - 17 为嫁接后 90d 时的双向电泳图谱。病、健树上同一来源的接穗之间差异增大，有的蛋白点表达量减弱，有的蛋白点表达量增加，还出现了一些差异蛋白点。但是和嫁接后 70d 比较来看，最大的区别是椭圆标记区域的差别明显增加，这个区域的蛋白在病树接穗中表达量明显增加。

图 9 - 18 和图 9 - 19 为嫁接后 110d 时的双向电泳图谱。可以看出，嫁接 110d 后椭圆标记区域的差异蛋白在病树上的表达量继续增加。

图 9 - 14、图 9 - 16 和图 9 - 18 为同一个星光接穗在健康砧木上嫁接 70d、90d 及 110d 后 3 个不同时期的双向电泳图谱。这 3 张图谱在整体蛋白分布及丰度上差别很小，椭圆标记区域在这 3 个时期也没有明显的变化。这种现象表明：对于健树来说，在嫁接后 70～110d 这一发育阶段，蛋白表达量基本上没有变化，趋于稳定。

图 9 - 15、图 9 - 17 和图 9 - 19 为同一个星光接穗在枣疯病病树砧木上嫁接 70d、90d 及 110d 后 3 个不同时期的双向电泳图谱。这 3 张图谱在整体蛋白分布及丰度上出现了显著差异，在酸性端出现一随发育阶段后延而表达增强的区域（椭圆标记区域：分子量 27～32ku、等电点 pI 4.2～5.0），在对照健康树上嫁接的接穗均没有此变化。这种现象表明，抗病种质星光的枝条嫁接到疯树后，随着体内病原的持续侵染，其自身的抗性应答机制做出了反应，从图谱上看椭圆标记区域蛋白质表达量的大量增加可能就是这种机制反应的结果。所以，笔者确定此范围的蛋白作为抗枣疯病相关蛋白研究的重点。

为了进一步验证分子量 27～32ku、等电点 pI 4.2～5.0 区域蛋白与抗枣疯病的相关性，笔者还对感病品种赞皇大枣嫁接到健康和病树上的接穗进行了双向电泳分析。结果表明感病品种赞皇大枣嫁接到枣疯病病树后，此区域的蛋白没有变化，此结果进一步验证了分子量 27~32ku、等电点 pI 4.2~5.0 区域的蛋白与枣疯病抗性的相关性。

综上，可以确定此区域（分子量约为 27~32ku、等电点 pI 4.2~5.0）的蛋白与星光的枣疯病抗性有关。

2. 差异蛋白点的质谱鉴定　通过蛋白差异点的质谱分析，获得了 3 个同源性较好的蛋白点（图 9 - 20，图 9 - 21），分别为可溶性的 NSF 附着蛋白、甘油醛-3-磷酸脱氢酶和网格蛋白接合蛋白同源蛋白，另外 7 个为未知的新蛋白。

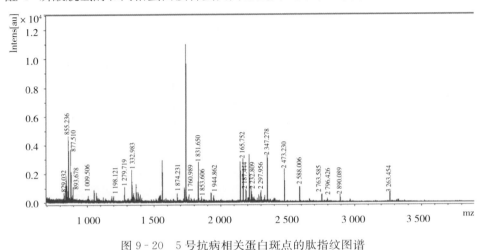

图 9 - 20　5 号抗病相关蛋白斑点的肽指纹图谱

Fig. 9 - 20　The peptide mass fingerprinting of number 5 protein spots related to JWB resisitance

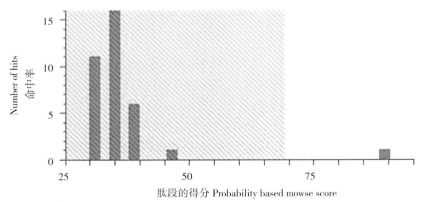

图 9 - 21　差异蛋白 PMF 数据的 Mascot 检测结果示例

Fig. 9 - 21　Mascot detection results of differential protein spots PMF data

据有关报道进行分析发现，获得的 3 个同源性较好的蛋白均与膜泡运输过程有关，这是真核细胞进行胞吞或胞吐作用实现物质跨膜运输的途径。本研究结果表明，当枣疯植原体（基因组 600～2 200bp，大小 80～800nm）侵染寄主枣树韧皮部细胞时，在寄主枣树韧皮部细胞的细胞膜上发生了一系列重要变化，这些变化可能是抗病品种星光在病原刺激下自身产生了应答机制，分泌了大量与膜泡运输有关的融合及识别蛋白，来调控这种外来的病原侵染。推测这些蛋白与星光的抗病过程相关。

（五）星光抗枣疯病机制的综合分析

在抗病生理机制方面，张淑红（2004）、温秀军等（2006）曾进行了研究，发现婆枣中感病单株的 POD、PPO、IAAO 酶活性比抗病单株高，PAL 酶活性比抗病株低；壶瓶枣中感病株 POD、IAAO 酶活性比抗病株高，PPO、PAL 酶活性比抗病株低，表明不同枣树品种对植原体的侵染反应是有差异的。对叶片内总酚和绿原酸含量进行分析表明，抗病品系叶片内酚类物质和绿原酸含量比感病品系高，因此认为酚类物质和绿原酸可以作为研究枣树抗病生理的一个重要指标。

依据植物对病原物侵染的反应，将植物抗病性主要分为不亲和抗性、诱导抗性和非寄主抗性等类型。笔者通过对嫁接接种后星光的表观症状表现及植原体病原检测结果分析，发现星光受植原体侵染后有一从表现患病症状到症状逐步消失的过程，表明星光对植原体有一个逐渐适应的过程，也就是说其抗病性是一个逐步诱导加强的过程，应属于诱导性抗病。通过对基因组及蛋白组水平的分析，也发现了嫁接侵染后星光中有抗病相关基因与蛋白的出现和表达；而感病品种中由于缺乏抗性基因，无法诱导防卫基因的表达，最终导致植物感病。

由于对枣疯病植原体不能人工培养，其遗传背景不十分清晰，目前尚无法判断星光的抗病性属于水平抗性，还是垂直抗性。笔者通过对多个感染枣疯病的枣树品种中的植原体进行 16SrDNA 保守序列进行测序分析，表明不同品种中的枣疯病植原体存在几个到十几个的碱基差异，推测枣疯植原体应该存在不同的生理小种。因此，根据田间嫁接试验中星光在不同染病品种的砧木上具有较普遍的抗性，推测其抗病性可能是由微效多基因（又称数量性状位点）控制的，这种抗病性具有广泛性、持久性。

参考文献

［1］郭晓军，温秀军，孙朝晖等．抗枣疯病枣树品种酚类物质的薄层层析分析．河北林业科技．2006（2）：1～2

［2］刘孟军，周俊义，赵锦等．极抗枣疯病枣新品种'星光'．园艺学报，2006，33（3）：687

［3］刘中成．枣总 RNA 提取及 mRNA 差异显示技术体系的建立．河北农业大学硕士学位论文．2005

［4］曲泽洲，王永惠主编．中国果树志·枣卷．北京：中国林业出版社，1993

［5］申永锋．抗枣疯病相关蛋白的双向电泳分析．河北农业大学硕士学位论文．2008

［6］温秀军，郭晓军，田国忠等．几个枣树品种和婆枣单株对枣疯病抗性的鉴定．林业科学．2005（41）：88～96

［7］温秀军，孙朝晖，孙士学等．抗枣疯病枣树品种及品系的选择．林业科学．2001（5）：87～92

［8］温秀军，孙朝晖，田国忠等．抗枣疯病枣树品系选育及抗病机理初探．林业科技开发．2006（20）：12～18

［9］薛渝峰．植原体诱导下抗枣疯病相关基因的差异表达研究．河北农业大学硕士学位论文．2008

［10］张淑红．枣树抗枣疯病生理机制的研究．河北农业大学硕士学位论文．2004

［11］赵锦，刘孟军，周俊义等．抗枣疯病种质资源的筛选与应用．植物遗传资源学报．2006，7（4）：398～403

［12］赵锦．枣疯病病原周年消长规律及其病害生理研究．河北农业大学博士学位论文．2003

［13］Yun M. S.，Kim Y. S.，Yiem M. S.，et al. Studies on the witehes'-broom disease of Chinese jujube (*Zizyphus jujuba* Mill.). the inoeulation methods and varietal resistanee to mrcoplasma-likeorganism. Res Rept RDA (H)，1990，32（2）：30～35

第十章　枣疯病的治疗与康复

　　枣疯病的治疗与康复技术主要有手术治疗、药物治疗及抗病品种应用等。

　　手术治疗的方法主要有主干环锯、去除病枝、根部环据及断根等。这些措施对轻病树，主要是Ⅰ、Ⅱ级病树，可以达到一定的治愈效果，及时彻底去除病枝甚至可以痊愈，故可以作为防治枣疯病的有效措施之一。

　　药物治疗的主要对象是进入结果期的病情小于Ⅳ级的病树（Ⅴ级疯的衰弱树治疗价值偏低应及时刨除处理）。利用兼具治疗与康复双重功效的"祛疯1号"，在枣树萌芽展叶期进行树干滴注治疗，防治总有效率可达95％以上，当年治愈率达80％～85％。

　　抗病品种的应用可以从根本上遏制枣疯病的危害。利用抗病品种星光嫁接到重病砧木上，即高接换头改造法可以达到治疗与品种更新的双重目的。

　　枣疯病的治理应本着预防为主、综合治理的原则，从园地选择、苗木和接穗检验检疫、抗病品种应用、病树治疗及康复、防治传毒昆虫等多方面协调行动来解决问题。在多年的枣疯病治理实践的基础上，笔者提出了以"择地筛苗选品种（新建园），去幼清衰治成龄（发病园），疗轻改重刨极重（发病树），综合治理贯始终（枣产区）"为主要内容，因树、因园、因地制宜的枣疯病分类综合治理战略。

　　自20世纪70年代确定了枣疯病病原为植原体后，对枣疯病的防治研究就一直是研究者的重点，并对枣疯病病树的治疗技术进行了多方面的探索；但由于枣疯病的防治技术久攻不克，20世纪90年代初枣疯病研究曾一度陷入低潮。综合来看，对枣疯病病树的治疗技术主要是从手术治疗、药物治疗及抗病品种应用等方面开展的。

一、手术治疗

　　枣疯病的手术治疗研究开始较早。综合来看，普遍认为手术治疗对轻病树有效率较高。手术治疗的方法主要有去除病枝、主干环锯（剥）、根部环据及断根等方法。

（一）主干环锯

主干环锯（剥）是枣树提高产量的技术措施之一，可以在一定时期内阻断有机同化物的下行。有研究认为，病原的运输方向与同化物运输方向一致，所以主干环锯（剥）也被用来进行枣疯病的治疗。具体做法是用手锯在病树主干上锯成环状（或剥去一圈树皮），轻病树一般锯 3 环，环间距 20cm 左右，重病树适当增加环数。注意锯口要连续成环，不能断断续续，深度也要适宜，既要把树皮锯透，又不能过深而损伤太多的木质部。环锯时间在休眠期进行，即第一年 11 月至第二年 4 月。

靳春耘（1983）在 3 月中旬至 4 月中旬前去除病枝后，离地面 30cm 处开甲 1～3 环，甲口宽度 1～2cm，上下间隔 10cm，留通路 1～2 道，通路宽度 2cm，共处理 17 株。结果表明，Ⅲ级病树无治疗效果；Ⅰ级病树均恢复健康，正常坐果，治愈率占处理树的 47%；Ⅱ级病树有的可以治愈，但两年后个别树又复发。

侯保林等（1987）利用主干环锯与去除病枝方法结合，经 5 年共治疗各级病树 9 770 株，调查其中的 4 486 株，治愈率达 54.8%。手术后最长者经过 5 年，最短者将近 1 年，治愈率最低 50.8%，最高者 66.7%。多年多点试验治愈率比较接近，证明该方法重复性较强，治疗效果比较稳定。

冯景慧等（1988）在枣疯病重病区进行主干环剥防治试验，使当年发病率由 59.8% 降低到 7.1%，病情指数由 40.28 降到 3.32，相对防治效果达 92.4%。初步说明主干环剥对潜育期病株能够防止发病，对轻、中级病株疗效为 61.7%，对重病树疗效为 34.4%。

（二）疏除病枝

王清和（1967）通过砍疯枝进行枣疯病病树的治疗研究。结果表明，当年新发病的小疯枝，从其所在的大分枝基部砍断，有可能防止此病发生。发现小疯枝越早，砍大分枝越及时，则治愈的可能性就越大。及时砍疯枝是有一定作用的。

笔者的田间试验也证明，对于轻病树尤其是初侵染病树，及时去除疯枝完全有可能治愈病树（见第六章），但去疯枝应尽可能多的去除与疯枝相连的枝条，以最大限度地去除病原，即所谓"疯小枝、去大枝"。

（三）根部环锯与断根

断根的方法是挖开根围土壤，露出全部侧根，而后从侧根基部切断。主根基部环锯，是挖开根围土壤，露出主根，而后在主根基部进行环锯，一般只锯

1环，其他要求与主干环锯相同。

靳春耘（1983）报道在冬季（12月至翌年1月）刨开枣埫，切断水平根，疏除病枝，回填。对Ⅲ～Ⅳ级病树无治疗效果，Ⅱ级病树有效果，但需于8月中旬用劈斧砍伤树体，两年无反复现象。

侯保林等（1987）研究表明，利用主干环锯与去除病枝方法对Ⅱ级以上的枣疯病病树治疗效果很差，但加上根部环锯及断根后，可大大提高重病树的治愈率，对Ⅲ级病树的治愈率从9.3%提高到45.4%，Ⅳ级病树从5.7%提高到31.3%。

除了这些手术措施以外，还有人用斧砍树干治疗，即用铁斧在树干上砍成鱼鳞状直到木质部止，使其树体呈伤疤状态，该方法也对Ⅰ、Ⅱ级病树有一定效果，但对Ⅲ级以上病树无效。此方法对树体伤害较大，严重削弱树势，故不建议采用。

笔者认为，主干环锯和根部环锯之所以对枣疯病有一定的控制作用，除了可暂时阻断地上、地下部植原体的运转，更重要的是造成了树势衰弱、新生枝条减少，而新生枝条的发生是表现症状的重要前提，新生枝变少自然使得枣疯病症状显得变轻。而去疯枝则主要是通过减少病原达到治疗作用，特别是对于新发病树如去疯枝及时而彻底，则可完全治愈。断根则具有减少病原和衰弱树势减少新枝的双重作用，但一般根中有了病原时通常全树已经带病，很难彻底去除病原。因此，在所有手术治疗措施中去疯枝是最有效和可能的。对于新发病树，及时锯除疯枝，可在很大程度上控制枣疯病的发展和传播。根部环据与断根的操作难度大、效果较差，对树体伤害较大，也不建议采用。

二、药物治疗

药物治疗是进行病害防治最常见和有效的措施之一。早在1955—1958年，王清和等（1964）先后对疯树进行过喷射、注射或灌注硫酸铜、硫酸亚铁、硼砂、过锰酸钾、2,4-D、氨基磺酸钙、氨基苯甲酸及2,4,6-T等，均未发现有恢复现象。王焯等（1979）针对类菌质体对四环素族抗生素敏感的特点，自1973年开始先后进行了土霉素及四环素等药物治疗的初步试验，起到了明显治疗效果。随后的枣疯病药物防治研究主要是围绕四环素族药物进行的。

要开展枣疯病药物防治研究，首先就要进行高效药物的筛选工作，只有高效的治疗药剂才能达到理想的治疗效果。但枣疯病治疗药物的筛选工作存在很大难度，因植原体一直不能人工培养，致使当时此项工作在室内难以开展。何放亭等（1993）曾利用与植原体（当时称类菌原体，MLO）在分类上相近的牛类胸膜肺炎支原体（PPLO）作为枣疯病病原的替代菌，对6种常用抗菌素进行抑菌力测定，以期为抗枣疯病病原药物的筛选提供简便、快速的方法，该试验应用 PPLO 作为供试菌得出 6 种抗菌素中以四环素、土霉素抑菌力最强，而先锋霉素、卡那霉素最差，这与枣疯病及其他植物类菌原体病害的田间治疗试验中抗菌素的药效顺序亦吻合。但进一步的研究并未见报道。

笔者自 1997 年开始进行此项研究，通过田间和组织培养室内筛选相结合，最终筛选出了高效的枣疯病治疗药物祛疯 1 号，并已获得专利（ZL2005100816896）。具体的筛选过程介绍如下。

（一）树干输液治疗高效药物的筛选

1997—2002 年，笔者连续进行了 6 年的室内和田间药物筛选与防治试验。根据前述病害生理研究中枣树患枣疯病后钙、镁、锰严重缺乏的试验结果，可以看出枣疯病病树在矿质营养方面是失衡的，体内缺少一些重要的矿质元素。在进行药物筛选过程中，为什么不能借鉴医学上重大疾病控制中治疗与康复相结合的理念，将病树的治疗（杀灭病原）与康复（补充关键营养）相结合呢？基于这种考虑，利用笔者建立的带病组织培养技术平台，首先通过在枣疯病组培苗的培养基中单独添加硫酸镁、硫酸锰和硝酸钙，证明添加硫酸镁、硫酸锰，尤其是硫酸镁的处理有使症状减轻（叶片转绿、变大、恢复正常）的趋势。在此基础上进行了田间试验，其中 1999—2001 年共试验了 15 种处理组合（全部使用人用或农业生产上允许使用的药剂），试点包括河北省阜平、唐县、玉田、曲阳，辽宁省葫芦岛及陕西省清涧等地。结果表明（表 10 - 1），华北制药天星有限公司生产的盐酸四环素粉剂（1 号）、华北制药股份有限公司制造的土霉素粉剂（2 号）、美国产人用土霉素（3 号）对枣疯病均有明显防治效果，并初步发现加入适宜的矿质元素和助剂可显著增强盐酸土霉素的治疗效果。换言之，复合药剂防治枣疯病效果更为理想。

在前述试验的基础上，2002 和 2003 年重点对在杀灭枣疯植原体药物（盐酸四环素和盐酸土霉素）中添加矿质元素的适宜种类和浓度深入进行了田间试验（表 10 - 2）。考虑到 3 号、9 号分别为美国和韩国进口药物，成本高，不宜推广，所以杀灭枣疯植原体药物重点选用了国产盐酸四环素和盐酸土霉素。

在所有处理中，3g/L 盐酸土霉素＋1％硫酸镁＋2％柠檬酸药剂组合（祛疯 1 号）防效最好，Ⅰ～Ⅴ级病树的有效率和当年治愈率均达到 100％；其次是 3g/L 盐酸四环素＋1％硫酸镁药剂组合（祛疯 2 号），防治有效率 100％，当年治愈率 87.5％（表 10 - 2）。这样，就在国内外首次找到了具有杀灭枣疯植原体和补充关键性矿质元素双重功效且低毒高效的药剂种类和浓度组合。此外，通过对本研究中抗病种质筛选后的重病树（其上嫁接多个品种）实施药物滴注，发现祛疯 1 号和祛疯 2 号两个药剂组合对各个品种治疗效果都非常显著，药效没有明显的品种特异性。

表 10 - 1　2001 年唐县枣疯病药物滴注防治试验

Table 10 - 1　The curing effects of trunk injection for JWB in Tangxian（2001）

用药种类和用量 Kinds and dosage	病情级别 Diseased grades	有效率（%） Effective rate	治愈率（%） Curing rate	用药种类和用量 Kinds and dosage	病情级别 Diseased grades	有效率（%） Effective rate	治愈率（%） Curing rate
1g/L 1 号 No. 1	I	33.3	33.3	5g/L 2 号 No. 2	I	66.7	66.7
	III	100	33.3		III	33.3	0
	V	100	33.3		V	33.3	0
3g/L 1 号 No. 1	I	100	100	1g/L 3 号 No. 3	I	66.7	66.7
	III	100	33.3		III	100	66.7
	V	100	66.7		V	33.3	0
5g/L 1 号 No. 1	I	100	100	3g/L2 号 No. 2＋1% 4 号 No. 4	II	100	80
	III	100	66.7	3g/L 2 号 No. 2＋2% 8 号 No. 8	II	100	100
	V	50	50	1% 5 号 No. 5	II	40	20
1g/L 2 号 No. 2	I	66.7	33.3	1% 6 号 No. 6	II	50	0
	III	100	33.3	0.25% 8 号 No. 8	II	0	0
	V	66.7	33.3	1g/L 9 号 No. 9	III	100	33.3
3g/L 2 号 No. 2	I	66.7	66.7	对照 1（去疯枝）CK1 (Cuting off diseased branches)	II	100	25
	III	66.7	0	对照 2（去疯枝）CK2 (Cuting off diseased branches)	IV	40	20
	V	33.3	0	对照 3（清水） CK3（water）	I～V	0	0

注：1 号，华北制药天星有限公司生产的人用盐酸四环素粉剂；2 号，华北制药股份有限公司制造的人用盐酸土霉素粉剂；3 号，美国产盐酸土霉素；4 号，硫酸镁；5 号，硫酸锰；6 号，硝酸钙；7 号，乙烯利；8 号，柠檬酸；9 号，韩国产盐酸土霉素。有效率是指治疗后病情至少减轻 1 个等级的株数占治疗株数的百分率，治愈率是指治疗后无症状株数占治疗株数的百分率。

Note：No. 1 Tetracyline hydrochloride；No. 2 Oxytetracycline hydrochloride（China）；No. 3 Oxytetracycline hydrochloride（America）；No. 4 Mg_2SO_4；No. 5 $MnSO_4$；No. 6 Ca（NO_3）$_2$；No. 7 ethephon；No. 8 citric acid；No. 9 Oxytetracycline hydrochloride（Korea）. Effective rate means the diseased grade alleviated more than one grade after injection；Curing rate means the diseased symptom disappeared after injection.

　　上述两种药物组合中的 4 种药剂，均易在市场上买到，且价格便宜，每株成龄结果树的治疗成本约相当于 500g 枣的价格。此外，该两种药物组合中的药剂均为人用或农业生产上允许使用的药剂，而且使用量小、使用时期早（一棵成龄大枣树仅用盐酸四环素和盐酸土霉素 3g 左右，在 4 月下旬至 5 月上旬用药，而枣果采收则在 10 月左右，落叶在 11 月中、下旬），无环境污染和公害。

表 10‑2　2002 年唐县军城枣疯病药物滴注防治药物筛选试验

Table 10‑2　The selecting effects of different drugs for JWB in Juncheng, Tangxian（2002）

重复 Treatment	治疗用药及治疗后病情级数 Diseased grade after injection										输液前病情 Diseased grade before injection
	1号 No.1	1号+4号 No.1+No.4	1号+4号+8号 No.1+No.8	2号+4号+8号 No.2+No.4+No.8	2号 No.2	2号+4号 No.2+No.4	2号+4号+8号 No.2+No.8	1号+4号+8号 No.1+No.4+No.8	清水 Water	对照 CK	
1	0	0	0	0	—	II	0		IV	0	原为 I 级
2	0	0	0	0	0	I	I	0	III	III	原为 I 级
3	I	0	0	0	I	0	I	0	II+	I	原为 I 级
4	III	0	0	0	V	0	0	0	II	V	原为 II 级
5	III	II	I+		IV	0	0	I	IV	V	原为 III 级
6	I	0	II		V	*	I	0	V	IV	原为 IV 级
7	0	0	0	0	V	0	0	III	V	V	原为 V 级
8	V	0	0	0	V	0	0	III+	V	V	原为 V 级
有效率（%）Effective rate	50	100	100	100	14.3	71.3	75	100	0		
治愈率（%）Curing rate	36.5	87.5	75.0	100	14.3	71.3	64	64	0	0	

注：1号，盐酸四环素；2号，盐酸土霉素；4号，硫酸镁；8号，柠檬酸。

Note：No.1，Tetracyline hydrochloride；No.2，Oxytetracycline hydrochloride（China）；No.4，Mg_2SO_4；No.8，Citric acid.

连续多年的试验表明，祛疯 1 号药剂组合在防治枣疯病方面，药效快而稳定，品种适应性广，用药量少，价格便宜，无公害，兼具治疗和康复双重效果，深受枣农欢迎，推广前景十分广阔。

祛疯 1 号药剂组合在生产实践中有良好的防治效果，但其中的四环素族药物为抗生素类，属于人类限制使用的药物。为筛选出更加安全、有效的枣疯病治疗药物，笔者在组培条件下继续进行了治疗药物的筛选，供试药物包括喹诺酮类、中药类和大环内酯类等药物。

喹诺酮类药物主要是通过促使形成 DNA 的酶和酶的络合物裂解来抑制细菌 DNA 合成，由此导致细菌死亡，但针对支原体的药理作用尚未见过报道，其第三、四代均具有较高的抗军团菌、衣原体、支原体和尿素原体活性。喹诺酮类药物司帕沙星、氧氟沙星、环丙沙星主要应用在治疗人体支原体、衣原体类疾病，泰乐菌素、泰妙菌素主要应用在治疗动物支原体、衣原体类疾病，笔者的试验结果表明（表 10-3），这些药物在治疗植物植原体病害上没有明显效果。

表 10-3　喹诺酮类药物对枣疯病苗的转健作用

Table 10-3　Effects of quinolones on JWB plantlet

处理药物 Drugs	生长状态 Growth condition	转健情况 Condition of converting to normal
司帕沙星 Sparfloxacin	对疯苗顶端和细嫩叶片都有烧伤现象，疯苗生长严重受抑制 Seriously inhibited	无转健现象　No
氧氟沙星 Ciprofloxaxin	低浓度处理生长稍受抑制，中、高浓度处理有烧伤现象，生长受抑制 Moderately inhibited	个别苗略有转健至Ⅱ级的迹象，其余无转健现象 Seldom
环丙沙星 Ofloxacin	各处理对疯苗生长均有少量抑制 slightly inhibited	无转健现象　No
泰乐菌素 Tylosin	生长基本正常，与空白对照无明显区别 Almost changeless	无转健现象　No
泰妙菌素 Tiamulin	生长基本正常，与空白对照无明显区别 Almost changeless	无转健现象　No

中药类在治疗人、畜支原体疾病方面曾被广泛试验和报道，且在某些方面治疗效果优于抗生素类药物，具有既治标又治本、对人体毒副作用小的特点。因此笔者结合在人和动物上的试验结果采用了以黄连素为主，辅以大黄、栀子和黄芩等多种中药的黄连上清片片剂为试材，进行了试验，设置了 $50\mu l/mL$、$100\mu l/mL$、$200\mu l/mL$ 和 $400\mu l/mL$ 4 个处理，经过 90d 的两次继代培养，结果对疯苗均无转健作用，疯苗生长正常，与空白对照一致。分析其原因很可能是因为中药中的化学物质在培养基或植株体内不能像在人体内一样得到分解转化，发挥不了药效而造成的。另外也可能是人、畜支原体疾病种类较多，虽都是由支原体造成，但其病症各异，如支原体造成的肺炎其用药以清热去火凉血中药为主，而以支原体病害为主的生殖性疾病其用药则多为解毒、利湿通淋、化瘀止痛为主，等等，所以中药多根据其症状而并非病原菌用药。因此，要想在枣疯病治疗方面筛选出理想的中药类药物需要扩大筛选范围。

大环内酯类抗生素为一类含 10～20 元内酯环的碱性化合物，抗菌作用相近似，微溶于水。对革兰氏阳性细菌、某些革兰氏阴性细菌、支原体等其他病原体有较强的活性。大环内酯类抗生素为抑菌剂而非广谱抗生素，仅对增殖期的细菌有抑制作用，而对静止期的细菌无效。但在极高浓度时（为常规剂量的 10～20 倍）大环内酯类抗生素亦可显示出杀菌作用。罗红霉素和阿奇霉素属于大环内酯类药物，这两类药物均对枣疯病病苗有明显疗效。笔者的试验结果表明，阿奇霉素可以使病苗完全转健，但转健速度要比应用四环素对照慢20d，$50\mu g/mL$、$100\mu g/mL$、$200\mu g/mL$转健速度没有差异，即浓度的升高对其转健速度并没有明显影响，当浓度升至$400\mu g/mL$病苗将因药物浓度过高而全部干枯死亡。由表 10 - 4 可以看出，罗红霉素也可完全治愈枣疯病苗。$50\mu g/mL$罗红霉素处理在 70d 时可使病苗完全转健，$100\mu g/mL$、$200\mu g/mL$、$400\mu g/mL$都能在 60d 时使病苗完全转健，与四环素对照转健速度相当，3 个浓度在转健速度上没有明显差异，而 $50\mu g/mL$ 处理转健速度较其他慢则很可能是浓度偏低造成的。$50\mu g/mL$ 罗红霉素的转健率明显低于其他 3 个浓度处理，$100\mu g/mL$、$200\mu g/mL$、$400\mu g/mL$ 处理的转健率分别为 77%、74%、78%，没有明显差异，虽然与目前主要使用的治疗药物四环素相比，转健率低一些，但罗红霉素处理病苗的成活率能达到 100%，要高于四环素的 85%。

表 10 - 4　罗红霉素对枣疯病苗的转健作用
Table 10 - 4　Effects of roxithromycin on JWB plantlet

处理天数 Days	CK		处理浓度（$\mu g/mL$）Treatment dosage			
	TC	0	50	100	200	400
10d	Ⅲ	Ⅲ	Ⅲ	Ⅲ	Ⅲ	Ⅲ
20d	Ⅱ	Ⅲ	Ⅲ	Ⅱ	Ⅱ	Ⅱ
30d	Ⅱ	Ⅲ	Ⅱ	Ⅱ	Ⅱ	Ⅱ
40d	Ⅰ	Ⅲ	Ⅱ	Ⅰ	Ⅰ	Ⅰ
50d	Ⅰ	Ⅲ	Ⅰ	Ⅰ	Ⅰ	Ⅰ
60d	0	Ⅲ	Ⅰ	0	0	0
70d	0	Ⅲ	0	0	0	0
80d	0	Ⅲ	0	0	0	0
90d	0	Ⅲ	0	0	0	0

罗红霉素与阿奇霉素对病苗的治疗效果进行比较，发现罗红霉素由低到高3 个处理浓度对病苗生长抑制作用差异并不显著，与空白对照基本一致，都极显著高于四环素处理病苗的生长速度；但阿奇霉素的各个浓度处理都对病苗生长作用有明显抑制作用，与四环素处理没有明显差异，都极显著低于空白对照的生长速度。说明罗红霉素和阿奇霉素虽属同一类抗生素都能有效抑杀枣疯植原体，但对植株的伤害作用存在着明显的差异。综合比较来看，罗红霉素在生产应用方面具有明显优势。具体的田间应用尚需进一步摸索试验。

（二）药物滴注治疗枣疯病的技术要点

笔者自 1997 年开始进行枣疯病高效治疗药物的筛选及应用研究，经过 6

年多的大样本田间多点试验和实践，最终筛选出了兼具治疗和康复作用的高效治疗康复药剂，并总结出了药物滴注治疗枣疯病的配套技术体系，包括用药时期、药物配制、用药量的确定、器械使用等一系列技术规程，还研制出了专门的治疗药械。

树干药物滴注技术是治疗枣疯病的有效方法之一。该方法是先在枣树上钻一个深约 40mm、直径约为 4.5mm 的孔，然后插入针头将配好的药液通过木质部滴注到树体中，从而达到治疗枣疯病的目的。

1. 适用对象　主要是进入结果期的病情小于 Ⅳ 级的病树。衰弱的 Ⅴ 级疯树虽然可控制病情并恢复产量，但恢复慢（3～4 年）、成本高，建议刨掉。尚未结果的幼树和根蘖发病后，治疗效益低，也建议及时彻底刨除并销毁。

2. 用药时期　药物滴注治疗枣疯病的用药最佳时期为枣树展叶期。可以利用枣树的根压和蒸腾拉力使药液充分吸收。各枣区根据当地枣树品种的物候期，适时进行。例如在河北保定，婆枣滴注适期为 4 月下旬至 5 月上旬。此期枣疯病症状大多还没有表现，及时治疗当年即可治愈并恢复结果。进入花期后，已开始出现花变叶和丛枝等症状，输液后虽然可以杀灭病原，控制病情的发展，但已出现的症状当年难以消除，效果显得差一些。

3. 药物配制　可采用河北农业大学中国枣研究中心的专利产品祛疯 1 号，进行滴注时，要求药物随用随配。配制好的药物如果不能立即使用，须在闭光阴凉处保存，但保存时间不宜超过 2d。药物配制时，1 袋药品（约 250g）溶于 5kg 水中。本药品属于复配药剂，药品放到水中后应充分搅拌，使药液浓度均一。装瓶时，最好用 4～6 层纱布或多层卫生纸过滤药液，防止杂质堵塞针头，如果溶液比较清澈，也可直接装瓶使用；每瓶装药液 500mL；给树体输液时，应按提供的药量查算表确定用药量。

4. 用药量的确定　用药量主要依据树体的大小、病情。根据试验，笔者总结了不同情况病树的用药量查算表供参考（表 10-5）。

树体病情分级如下：Ⅰ 级：全树仅有 1～2 个小疯枝；Ⅱ 级：全树出现若干疯枝（包括骨干枝疯），但疯枝的比例小于总枝量的 1/3；Ⅲ 级：全树出现较多疯枝，疯枝的比例超过总枝量的 1/3，但不足 2/3；Ⅳ 级：全树疯枝比例超过总枝量的 2/3，但树上尚有健枝；Ⅴ 级：全树疯，树上基本没有健枝，树势极度衰弱。

5. 树干钻孔　树干钻孔时，可以用河北农业大学中国枣研究中心研制的树干滴注用便携可调式专用手摇钻，有条件的也可用充电电钻。用手摇钻打孔时，操作人员可依据自己的臂长调节顶杆长度，以操作舒适为度。选用直径为 4.5mm 的钻头。钻孔时要使钻体与树干呈 45°左右的夹角；左手攥紧钻柄，右手攥紧摇柄，胸部紧顶钻体顶杆上的胸托，使钻体在作业过程中保持稳定，切忌摇晃。打孔深度一般为 3～4cm；退出钻头时也要保持钻体稳定，以保证钻孔质量。

6. 输液器的使用　可以用河北农业大学中国枣研究中心研制的多输出头树干输液专用输液器（图10-2），或者选用其他的树木用输液器。使用时，先用调速器锁紧输液管，把滴斗端针头插入输液瓶，将输液瓶挂在树干的合适位置，拿起下面的2个针头，并使滴斗下方略高于上方，打开调速器，放出药液，到药液达到滴斗的2/3左右时，放下滴斗，使药液流入输液管，等2个针头有药液溢出时，锁紧调速器，分别把2个针头拧插到2个钻孔中，检查是否漏液，调整针头，直到不漏液为止。输液器可以重复利用。在使用完毕后，把输液器取回，立即用清水冲洗干净，晾干，放在密封的塑料袋中，阴凉处存放。

表 10 - 5　枣疯病树树干滴注用药量查算（参考）表

Table 10 - 5　Recommended dosage of drug for trunk injection

干径（cm） Trunk diameter	干周（cm） Trunk perimeter	不同病级病树参考用药量（瓶，500mL/瓶） Recommended dosage of drug in different grade of diseased trees (bottle number，500mL/bottle)				
		I	II	III	IV	V
5	15.7	0.5	0.5	0.5	0.5	0.5
6	18.84	0.5	0.5	0.5	0.5	1
7	21.98	0.5	0.5	1	1	1
8	25.12	1	1	1	1	1
9	28.26	1	1	1	1	1
10	31.4	1	1	1	1.5	1.5
11	34.54	1	1.5	1.5	1.5	1.5
12	37.68	1.5	1.5	1.5	1.5	2
13	40.82	1.5	1.5	2	2	2
14	43.96	2	2	2	2	2.5
15	47.1	2	2	2.5	2.5	2.5
16	50.24	2.5	2.5	2.5	2.5	3
17	53.38	2.5	2.5	3	3	3
18	56.52	3	3	3	3	3.5
19	59.66	3	3	3.5	3.5	3.5
20	62.8	3.5	3.5	3.5	4	4
21	65.94	3.5	4	4	4	4.5
22	69.08	4	4	4.5	4.5	5
23	72.22	4.5	4.5	5	5	5

（续）

干径（cm） Trunk diameter	干周（cm） Trunk perimeter	不同病级病树参考用药量（瓶，500mL/瓶） Recommended dosage of drug in different grade of diseased trees (bottle number，500mL/bottle)				
		I	II	III	IV	V
24	75.36	5	5	5	5.5	5.5
25	78.5	5	5.5	5.5	6	6
26	81.64	5.5	6	6	6	6.5
27	84.78	6	6	6.5	6.5	7
28	87.92	6.5	6.5	7	7.5	8
29	91.06	7	7.5	8	8	8.5
30	94.2	8	8	8.5	8.5	9

7. 输液技巧 输液时要求输液装置不能漏液，尽量排净输液管道中的气体；药液随用随配，配置好的药液要在 24h 内用完；药液使用前最好经过过滤，减少沉淀，有利于加快树体吸收；给树干打孔要避免在死亡的木质上进行，同时输液孔的上方不能有树洞和裂缝；输液孔孔径要均一，打孔时保持手钻稳定；输液孔与树干的夹角最好在 45°左右，针头斜向下插入，插紧，切不可漏液。

8. 配套技术 为提高防治效果，应及时刨除疯根蘖及疯根，并在输液前后去除疯枝，坚持"疯小枝，去大枝"的原则；锯掉的疯枝不能留桩，否则留桩处会因没有蒸腾拉力药液不能到达，由残存病原继续引发症状。此外，应加强枣园管理，增强树势；加强传病昆虫的综合防治，切断传播媒介。

（三）药械

对枣疯病病树进行治疗与康复的主要设备是树干滴注设备——树干钻孔器和输液装置。鉴于充电钻存在价格高、受充电量限制以及缺乏树体输液专业输液器的问题，笔者根据实际情况，研制开发了两种经济实用的专用器械——便携可调式手摇钻和输液容器与输液器联体的多头软塑输液装置，均已获得国家实用新型专利（专利号分别为 ZL200520111745.1 和 ZL200520105455.6）。

1. 树干滴注用便携可调式专用手摇钻 根据在枣树上钻孔的工艺要求和枣树的特点，对树干滴注专用手摇钻进行了设计。手摇钻的工作原理是利用杠杆原理，将手柄上的力放大并加在大锥齿轮上，利用锥齿轮的传动特点，将手柄的转动力方向改变 90°，并通过传动比使钻杆速度增加，从而省力、快速地完成作业。

在研制过程中，试制了多种型号的样钻。第一种型号采用"弓"式结构，横向加载转速，加载转速与工作转速比为1∶1，实验表明，这种设计稳定性差、费力，钻出的孔口部呈锥形，不符合要求。经过改进，第二种型号的钻采用锥齿轮传动力矩，并将力的传动方向改变90°，采用后端部手支撑，工作效果明显优于第一种，只是稳定性尚差。后又采用锥齿轮进行传递力矩，采用胸部和手双支撑来保证钻体的稳定性，经过大量实验，该设计较理想地达到了设计要求。

为适应操作者不同身高的要求，达到操作者最舒适操作。在设计伸缩方式时，拟定了三种方案。第一种方案是支撑部分采用光杆与套筒配合完成伸缩，用顶丝固定；第二种方案是伸缩杆和套筒采用螺纹连接，通过旋转完成伸缩；第三种方案是采用外加锥形螺旋套与套筒配合，通过旋合完成锁紧与松开，进而完成支撑杆的伸缩。经过比较，第二种方案稳定性好、易操作、牢固且经济实用。

卡头是钻体的重要部件，由于枣树木质坚硬，又由于树干湿润，钻孔时木屑不易排出，有时会导致在反向旋转退出钻头时卡头被卸下的情况，通过研究，采用追加锁紧螺母的方法防止卡头松动取得理想效果。

最后研制出的比较成熟的手摇钻主要有以下几部分组成（图10-1）：

图10-1　树干滴注便携可调式专用手摇钻

Fig. 10-1　A portable manual drill for trunk injection

（1）卡头　根据输液用针头的直径要求，装卡不同直径的钻头，夹紧方式为顶出式锥形爪，使钻头固定牢固。钻头直径可在2～8mm之间进行调整。

（2）钻杆　用于固定卡头、传递扭矩。

（3）锥齿轮　传动力矩，改变力的传动方向，通过传动比，调整传动速度。

（4）支撑手柄　支撑钻体，使钻体在工作时保持稳定。

（5）摇动手柄　通过该手柄施加力，从而使钻正常工作。

（6）支撑杆　由于操作者的身高不同，工作时需要钻体的最佳长度是不同的，支撑杆的一个作用便是调整钻体的长度；调整范围为：240～300mm；另一个作用是支撑钻体。

（7）支架　用于固定锥齿轮、钻杆、支撑手柄和支撑杆。

（8）胸托　胸部支撑钻体，同时施加一定的压力。

2. 树干滴注输液器　输液器设计的指导思想是：使用方便，效率高；装液容器与输导管一体化；输液速度可调；全塑针头，坚固耐用，不漏液，插入省力；包装、携带方便。

根据树干输液器的工艺要求和特点，经认真设计，最后成型的输液器主要有以下几部分组成（图 10 - 2）：

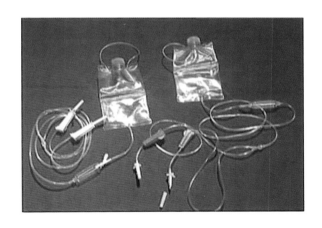

图 10 - 2　树干滴注用多头输液器

Fig. 10 - 2　A transfusion instrument for trunk injection

（1）药液袋　根据输液器的容量、形态要求，药液袋采用医用输液袋材料，保持柔软性和韧性。输液袋为长方形，上部装有旋盖式进液口，底部烫成弧形，保证不存液；输液袋底部与输导管相连。

（2）输液管　采用医用输液管，输液管上设有缓冲包，用于排除气体；管下部由三通连接两个支管，每个支管上装 1 个调速器。

（3）针头　采用医用输液器上连接输液瓶的塑料针头。

（4）挂带　采用医用输液器输导管制作，用于输液装置的悬挂。

实际操作中，很多枣农为了节约成本，可用废旧的输液瓶代替此输液器进行药物滴注试验。

（四）治疗效果

笔者多年来在河北阜平、唐县、玉田，辽宁的葫芦岛南票区，陕西清涧等地试验推广树干滴注祛疯1号防治枣疯病新技术，达到了很好的效果。阜平试点1999年防治总有效率达95.6%，治愈率达82.6%，2000、2001、2002年对试验树体继续进行防治，使病树健康率保持在87.96%。唐县试点2002和2003年分别对2001年治疗病加强用药，树体保持健康率达到95.24%。河北玉田试点防治有效率达到100%，总治愈率80.8%；辽宁南票区2001—2002年连续两年推广课题组筛选的药物，防治有效率达到100%，总治愈率达到82.6%（表10-6）。

表10-6 不同试点祛疯1号的防治效果

Table 10-6 The curing effects of Qufeng No. 1 for JWB in different spots

地 点 Site	试验株数 Diseased trees	治愈株数 Curing trees	治愈率（%） Curing rate	应用品种和年份 Cultivar and year applied
辽宁南票 Liaoning	24	18	75	2001，木枣 Muzao
辽宁南票 Liaoning	23	19	82.6	2001—2002，铃枣 Lingzao
河北玉田 Hebei	26	21	80.8	2001—2002，玉田小枣 Yutianxiaozao
河北阜平 Hebei	300	256	85.3	1999—2003，婆枣 Pozao
河北唐县 Hebei	120	98	81.6	2000—2002，婆枣 Pozao
陕西清涧 Shaanxi	33	27	81.8	1999—2000，清涧木枣 Qingjianmuzao

经连续多年多点大样本试验，在不同发病程度的成龄枣树上防治总有效率达95%以上，当年治愈率80%～85%。

实例1：

病情：1999年，河北省阜平县照旺台乡一株年产200kg的大枣树感染枣疯病，感病程度Ⅳ级，主干已经萌生疯蘖，说明病原已经分布到主干上。

治疗方案：首先采取"疯小枝，去大枝"的原则，去除疯枝，以减少病原；同时在树干不同方位进行树干滴注治疗，治疗药物为祛疯1号，药物用量6瓶（500mL/瓶，浓度1g/L）（图10-3）。

治疗效果：治疗当年冬季此树正常落叶，第二年（2000）春天正常萌芽，除有一小枝（主干萌蘖）有小叶症状外，全树其余部位枝叶生长均正常，没有出现枣疯病表观症状，并正常开花结果。第二年（2000）为进一步巩固治疗效果，输液 3 瓶（祛疯 1 号，500mL/瓶，浓度 1g/L）。此后 3 年此树均未再出现枣疯病症状，并持续正常结果。

图 10 - 3　祛疯 1 号的治疗效果（1）

A. 5 月进行输液治疗　B. 7～8 月生长正常　C. 冬季正常落叶

Fig. 10 - 3　The curing result of Qufeng No. 1（1）

A. Injection in May　B. Growing normally in July and August

C. Defoliation normally in winter

图 10 - 4　祛疯 1 号的治疗效果（2）

A. 病株输液治疗后冬季正常落叶　B. 对照未治疗病株不能正常落叶

Fig. 10 - 4　The curing result of Qufeng No. 1（2）

A. Normal defoliation of cured tree in winter

B. Abnormal defoliation of CK（without injection）in winter

实例 2：

病情： 1999 年，河北省阜平县照旺台乡哑巴沟两株相距 2.0m 左右的枣树，同时感染枣疯病，感病程度Ⅲ级，很可能根部相连。

治疗方案： 一株在树干不同方位进行树干滴注治疗，治疗药物为祛疯 1 号，药物用量 3 瓶（500mL/瓶，浓度 1g/L）；另一株输清水，作为对照（图 10 - 4）。

治疗效果： 治疗株当年冬季正常落叶，对照株不能正常落叶。此后 3 年内治疗株持续正常生长，并开花结果；对照株病症发展日趋严重，最后整株疯死。

三、高接换头改造法

笔者自 1987 年就开始进行抗病资源的搜集工作，并逐步建立了高效的筛选鉴定方法，经过十几年的摸索，不仅筛选出了抗病品种星光，而且首创了高接改造病树的应用新途径，与原来仅是应用抗病品种进行栽培推广相比，利用抗病品种高接改造病树更为直接和高效。

在进行病树上高接鉴定抗病种质的过程中，笔者逐渐意识到可利用高抗种质对枣疯病病树全部高接换头。这样既省去了培育抗病苗木的过程也可以直接利用病树砧木营养快速恢复结果。基于此认识，笔者开始进行病树的高接改造试验。随后的实践证明，利用综合性状优良的高抗枣疯病品种星光高接改造病树，实现了连续 7 年未发病，并正常生长结果（5 年生存率 98％以上），从而开创了一条治疗病树与品种更新有机结合的新路。

高接改造病树实例 1： 1999 年，河北省阜平县照旺台乡哑巴沟两株感染枣疯病枣树，感病程度Ⅴ级。将两株疯树上所有枝条全部锯掉，只留一定高度的枝干，利用一高抗枣疯病骏枣单系（后相继定名为抗疯 1 号和星光）进行高接换头改造。高接改造株当年冬季正常落叶，第二年春季正常萌芽生长，并开花结果；至今已嫁接 7 年，调查结果显示 1999—2005 年 7 年均连续正常生长，并开花结果，而且未再感染枣疯病。

高接改造病树实例 2： 2002 年，在阜平县照旺台村利用抗疯 1 号（后定名为星光）高接重病婆枣树 5 株，接穗成活率 83.3％，成活枝条中 90.91％生长正常，部分嫁接枝条当年少量结果，9.09％初期发生轻微枣疯病症状但很快恢复正常生长结果，而且以后不再表现症状，也检测不到病原。

高接改造病树实例 3： 2003—2005 年，又在阜平县照旺台村连续 3 年进行了重复试验。其中 2004 年，高接重病树 15 株，嫁接 58 个接穗，其中除 2 个接穗中途死亡外，其余均成活并生长健壮，成活者发病枝率为 0；而对照婆枣全部表现枣疯病症状，其中Ⅴ级疯枝条占60%。2005年，嫁接接穗82个，除4个接穗死亡外，其余78个全部成活并生长健壮，发病枝率也为0，对照全部表现枣疯病症状，其中Ⅴ级疯枝条64.5%。通过改造后的病树，当年少量结果，正常落叶（图10-5、图10-6）。而且这些改造的病树所处山区枣园为枣疯病高发区，但一直均未再感染枣疯病，并正常结果（图10-7）。

图10-5 病树用星光改造后的结果状

Fig. 10-5 The fruiting condition of diseased tree after crown reconstruction by 'Xingguang'

图10-6 病树改造后当年冬季正常落叶

Fig. 10-6 Normal defoliation of diseased tree in winter after crown reconstruction by 'Xingguang'

图 10 - 7　病树改造 4 年多树体健康生长情况（5 月）

Fig. 10 - 7　Healthy growth condition of diseased tree after crown

reconstruction by 'Xingguang' for 4 years（May）

综上可以看出，利用高抗枣疯病的种质星光高接改造枣疯病病树是完全可行的，能达到治疗病树和品种更新的双重目的。

通过多年的实践，笔者认为对枣疯病病树，一定要坚持手术治疗，发现病枝及时去除，不留桩；对Ⅳ级以下的病树可以利用祛疯 1 号进行药物滴注治疗，同时辅以手术治疗，"疯小枝、去大枝"；对Ⅳ级以上的重病树可以采用抗病品种高接换头的方法进行彻底治疗。

四、枣疯病的综合治理

鉴于枣疯病的发生发展受周围环境、病原数量、品种等多种因素综合影响，单一措施难以彻底解决枣疯病防治问题。本着"预防为主，综合治理"的原则，笔者进行了十几年的研究和防治实践，提出了以"择地筛苗选品种（新建园），去幼清衰治成龄（发病园），疗轻改重刨极重（发病树），综合治理贯始终（枣产区）"为主要内容，因树、因园、因地制宜的枣疯病分类综合治理战略。

（一）科学建园

为防患于未然，大幅度降低枣疯病的危害，在新建枣园时要综合考虑地理位置、土壤类型、苗木及品种等。

1. 择地 择地是指尽量选择感染枣疯病可能性最小、枣疯病发展最慢的地方建立枣园。地理位置、土壤类型和气候等都对枣疯病的发生有不同程度的影响，所以建园时应予以考虑。首先，尽可能选择在非病区建园，以最大限度减少感染机会。其次，新建枣园应远离松、柏树等传病昆虫的寄主植物，以减少传染源。此外，据调查在枣园土壤碱性石灰质含量高时，通常枣疯病发生率低。如河北的沧州地区多为盐碱地，历来枣疯病发病很轻，而其主栽品种金丝小枣和冬枣都对枣疯病敏感。分析原因可能是碱性环境不利于枣疯病病原生长增殖，或盐碱地的植被种类不适于枣疯病病原的媒介昆虫生长繁殖。调查中还注意到，同一枣区的同一品种（如山西吕梁地区的木枣）在较冷凉地区栽植比在较温暖地区发病程度明显变轻，风口背阴地带的枣园也发病轻，这说明相对冷凉的气候不利于枣疯病的发生发展。

2. 筛苗 筛苗是指严格选用不携带枣疯病病原的枣苗进行建园。

（1）苗木检疫 枣疯病为检疫性病害，在引种苗木和接穗时应该实行严格的检验检疫制度。主要包括以下几个方面：第一，从外地引进苗木和接穗时，要严格进行检疫，防止枣疯病进入非病区，导致病害传播；第二，分株和扦插繁殖时，要严格选择无病母株的根蘖苗或插穗；第三，嫁接时，一定采用无病的砧木和接穗。

（2）苗木的脱毒 苗木的脱毒主要有3种途径。

第一种途径为用茎尖或愈伤组织培育无病苗。朱文勇报道，通过茎尖培养可有效地脱除枣疯病病原（朱文勇等，1996）。其脱毒方法一种是选用0.1～0.3mm的茎尖只带1～2个叶原基，枯死率达50%，显绿需30d，成苗需150～180d；另外可选用二次茎尖的方法，即先接0.5～1.0cm的茎尖，使其在培养基上驯化后再剥取0.1～0.3mm的茎尖，可使枯死率降至19.5%，显绿需15d，成苗只需30～60d。两种方法脱毒均较彻底，污染率小于1%。

第二种途径为采用热、冷处理等物理方法脱毒。物理方法简便实用、成本低，对于培育、繁殖木本植物无毒苗木以及防止传染是一项有效的措施。早在1936年，Kunkel把带有黄化症的桃树栽培在34～36℃环境中，几周后黄化症消失。在我国，张锡津（1994）、戴洪义（1988）等分别用热处理方法脱除了泡桐丛枝病和枣疯病的病原（50℃，10～20min）。Kim（1985）的研究证明，低温处理（−10℃以下12d，−20℃以下1d）可有效控制枣疯病病枝中的病原。但由于不同植物的耐受力不同，必须摸索出一套实用高效的热处理或冷处理方法。是否还有其他的物理方法可以抑制植原体生长，尚有待进一步研究。

第三种途径为综合采用前述两种方法。田砚亭等（1993）采用茎尖培养和热处理相结合的脱毒方法，将带病枝条经过45～50℃、60min的热水处理后，使材料中的病毒钝化，以便接种较大茎尖，从而提高了接种成活率，并获得了脱枣疯病原的健壮植株。

3. 选品种　选品种是指在其他综合性状满足要求的前提下，尽可能选择对枣疯病高抗或免疫的品种建园。我国枣树品种繁多，培育和发展抗病性强的枣树品种，有利于从根本上预防和控制枣疯病的发生发展。1962年，王清和等用嫁接方法测定了23个枣树品种的抗病性，发现其间存在着显著差异（王清和等，1963）。1995年，江西德安县近千亩红枣相继感染枣疯病，但混植其中的葫芦枣无一株染病，说明葫芦枣对枣疯病有高抗性（桂晓春等，1995）。温秀军等（2001）也发现壶瓶枣、蛤蟆枣对枣疯病具有高度抗性。笔者课题组也对全国范围内调查、收集到的30个抗枣疯病种质材料进行了高强度筛选，鉴定出了4份极抗病种质，并审定一新品种——星光（刘孟军等，2006），利用其高接改造重病树，实现了连续5年未表现症状，并正常生长结果。这些抗病品种的推广应用有利于遏制枣疯病的蔓延和发生，在建园时应充分应用抗病品种。

目前的研究主要集中于枣树品种对病原本身的抗性，今后应加强枣树对传病媒介昆虫的抗性研究。

（二）枣疯病病树及病园的治理

1. 去幼　去幼是指及时清除那些已感染枣疯病、治疗效益不高的幼树和根蘖。未进入结果期的幼树正处在旺盛生长阶段，一旦染病，病情加重迅速，树势会受到严重影响，势必造成树体终生受害。对这类树进行治疗，难度大、成本高，经济效益差。建议对幼树期染病植株以及疯根蘖及时刨除。

2. 清衰　清衰是指及时清理那些即使康复也很少结果的衰老期病树，特别是衰老期的重病树。进入衰老期的树，其经济效益本来已很低，染病后树势会更加衰弱，更新难度大，治疗效果也相对较差，经济回报率低，也建议彻底清除。

3. 治成龄　治成龄是指对仍健壮的结果期病树给予及时的治疗。结果期树树势强健，控制病情后树势恢复快，能很快产生经济效益。经多年实践证明，这类树的治疗采取药物滴注并辅以手术治疗的双重措施，效果最好。药物治疗方面，利用低毒高效复配药物——祛疯1号，经连续多年多点在不同发病程度的成龄枣树上进行大样本试验，总有效率达95％以上，当年治愈率80％～85％；实现了中、轻度病树隔1～2年输液一次，可完全控制病情，并持续正常结果。手术治疗应坚持随发现疯枝随去除的原则，可以阻断病原体繁殖和转移，大大降低病原数量，对初侵染病树及时去除疯枝有时可达到完全治愈的效果。

为了达到最佳的治理效果，对病园中不同患病程度的枣疯病病树要采取不同的治疗方案与策略，即分类治理。从药物治疗试验的结果看，对中、轻度病树的效果远远好于重病树，所以治疗要以早治为原则，树干滴注可以作为枣疯病治疗的重要技术措施；对重病树要改造、治疗两手抓，尤其结果期成龄大树，一方面可利用抗病种质（如星光）进行高接改造；另一方面，可结合手术治疗加强药物防治，减少病原，同时补给必需的营养物质，使病树加快康复，保持良好的树势。对病情严重的衰老树和幼树，防治难度大、成本高，且作为大的传染源，应及早彻底挖除，以免病株的根蘖苗再次成为传染源，挖去的植株和根应彻底销毁或烧毁。

（三）其他技术措施

1. 增强树势　加强枣园管理，改善土壤水肥条件，加强营养，结合喷药、根外施肥和中耕除草等农业措施，促进植株健康发育，增强树势，提高植株抗性。

2. 合理修剪　春季和夏季进行合理修剪，使枣树保持透气通风、光照充足、树势强健。坚持随发现疯枝随去除的措施，及时减少和清除病原。为防止病原传播蔓延，及早铲除重病株病蘖，对周围酸枣树发现病株也要清除，以最大程度减少病原。

3. 防治传病昆虫　阻止昆虫传染，特别是叶蝉类昆虫，是预防枣疯病病害发生、流行的有效手段之一。王焯（1984）、Yiem M. S. 等（1988）采用定期喷杀传病昆虫防治枣疯病，取得了较好的效果。中华拟菱纹叶蝉的虫口密度和枣疯病的流行是平行的，虫口密度高，发病严重。特别是针对只有第一代中华拟菱纹叶蝉可以传病，应集中在每年的 5～6 月，采用杀灭中华拟菱纹叶蝉和在早春药杀越冬卵的方法。常用药剂有高效氯氟氰菊酯、联苯菊酯、吡虫啉等，可杀灭若虫、成虫和越冬卵。另外，也可利用此类昆虫的天敌进行生物防治。

4. 合理间作，减少中间寄主　掌握传病昆虫的寄主范围，尽可能减少中间寄主（特别是越冬寄主），也是控制和预防枣疯病的重要措施。减少中间寄主主要从以下两方面入手：第一，合理间作。人们一直提倡枣粮间作，但长期以来忽视了间作物种类对枣疯病的影响。杨英等曾对小麦植原体兰矮病的寄主范围进行了鉴定，结果发现了 12 种禾谷类作物新寄主，如玉米、甜玉米、裸麦、禾本科杂草簇毛麦和狼尾草等（2000）。所以与适于枣疯病传病昆虫越冬和繁殖的作物间作容易感病，而与不利于传病昆虫越冬和繁殖的作物间作则发病率低，在实际操作中应予以重视。第二，控制周围环境。尽量避开或清除枣园周围的松柏等枣疯病传病昆虫的中间寄主，减少传染的几率。

5. 生理调控　枣疯病治疗过去多采取手术治疗、药物输液治疗及综合防治传病昆虫等措施。至今尚未见在枣疯病的综合治疗过程中应用生理调控手段进行辅助治疗的成功报道。笔者研究表明，枣树患病后生理生化状况发生了一系列变化，如激素、矿质营养的失衡、POD同工酶表达量的增多及体液环境pH 的降低等。鉴于此，笔者认为在枣疯病的综合治疗中可以考虑生理调控问题，如采取喷激素（如生长素、赤霉素）、补充矿质营养（钙、镁、锰）和调节体液环境（碱性）等措施，将有助于枣疯病病树的治疗和康复，并已经在组培条件下取得明显成效。

6. 生物防治　有关植原体病害的生物防治，至今鲜见报道。理论上，所有生物都能受到病毒的侵染，因而利用病毒可防治植物的植原体病害。在自然条件下，有患黄化病的植株能自然康复的现象，这一方面仍需进一步研究。

综上所述，枣疯病的防治必须从建园开始，结合苗木脱毒检疫、抗病品种选育、输液和手术治疗、枣园管理、传病昆虫防治和合理间作等多方面措施，因时、因地、因树制宜地采取相应对策，才可以最终达到标本兼治、持续控制枣疯病的效果。

◆ **参考文献**

［1］戴洪义，沈德绪，林伯年 . 枣疯病热处理脱毒的初步研究 . 落叶果树 . 1988（10）：1～2

［2］冯景慧，薛合朝 . 主干环剥防治枣疯病试验 . 林业实用技术 . 1989，6

［3］冯景慧，薛合朝 . 主干环剥防治枣疯病试验初报 . 河南农业科学 . 1989，1

［4］桂晓春，桂贤龙 . 葫芦枣对枣疯病有高抗性 . 江西果树 . 1995（4）：41

［5］侯保林，齐秋锁，赵善香，王朝先，魏贤堂，马国江 . 手术治疗枣疯病树的初步研究 . 河北农业大学学报 . 1987，10（4）：11～17

［6］靳春耘 . 枣疯病治疗实验初报 . 河北林业科技 . 1982，2

［7］林木兰，杨继红，陈捷等 . 泡桐丛枝病类菌原体单克隆抗体的研制及初步应用 . 植物学报 . 1993，35（9）：710～715

［8］潘青华 . 枣疯病研究进展及防治措施 . 北京农业科学 . 2002（3）：4～8，21

［9］田砚亭，王红艳，牛辰等 . 枣树脱除类菌原体（MLO）技术的研究 . 北京农业大学学报 . 1993，15（2）：20～26

［10］王焯，于保文，仝德全等 . 四环素族等药物对枣疯病的初步治疗试验 . 中国农业科学 . 1980（4）：65～69

［11］王焯，于保文，仝德全等 . 枣疯病类菌质体病原及其防治初步研究 . 落叶果树 . 1979，2

［12］王焯，周佩珍，于保文等 . 枣疯病媒介昆虫——中华拟菱纹叶蝉生物学防治的研究 . 植物保护学报 . 1984，11（4）：247～252

［13］王清和，朱汉城，赵忠仁，同德全．枣疯病病原的探索．植物保护学报．1964，2

［14］王清和．对枣疯病防治研究的几点建议．植物保护．1963（3）：127

［15］王清和．对枣疯病防治研究的几点建议．植物保护．1963，3

［16］温秀军，孙朝辉，孙士学等．抗枣疯病枣树的品种及品系的选择．林业科学．2001，17（5）：87～92

［17］杨英，张秦风，段双科．小麦植原体兰矮病寄主范围初步鉴定．西安联合大学学报．2000（2）：14～16

［18］张锡津，田国忠，黄钦才．温度处理和茎尖培养结合脱除泡桐丛枝病类菌原体（MLO）．林业科学．1994（30）：34～38

［19］朱文勇，杜学海，郭黄萍等．骏枣茎尖培养脱除枣疯病 MLO．园艺学报．1996，23（2）：197～198

［20］Doi Y., Teranaka K., Yora K，et al. Mycoplasma-or PLT-group-like micro-organisms found in the phloem element of plants infected with mulberry drawf, potato witches-broom. Ann Phytopath Soc Japan，1967，33：259～266

［21］Kim W. S., Studies on endogenous plant hormones and nucleic acids in mycoplasma-like organisms infected jujube trees and its control. Res Rept RDA（Hort），1985，27（2）：62～68

［22］La Y. J., William M. BJ., Moom D. S. Control of witches'-broom disease of jujube with oxyteracycline injection. Korean J. P1 Prot，1976，15（3）：107～110

［23］Yiem M. S., Kim Y. S., Yun M. S., et al. Studies on the control and bionomic of rhombic-marked leafhooper（Hishimonus sellatus Uhler）of vector of jujube witches'-broom mycoplasma. Res Rept RDA（H），1988，30（2）：71～77

缩 写 表

ABBREVIATIONS

英文缩写	英文名称	中文名称
JWB	Jujube witches' broom disease	枣疯病
MLO	Mycoplasma-like organism	类菌原体
ZT	Zeatin	玉米素
IAA	Indole‐3‐acetic acid	吲哚乙酸
NAA	Naphthylene acetic acid	萘乙酸
IBA	Indole‐3‐butyric acid	吲哚丁酸
GA₃	Gibberellin	赤霉素
ABA	Abscisic	脱落酸
HPLC	High Performance Liquid Chromatography	高效液相色谱
CTAB	Cetyl-trimethyl-Ammonium Bromide	十六烷基-三甲基-溴代铵
Tris	Tris（hydroxymethyl）aminomethane	三（羟甲基）氨基甲烷
PCR	Polymerase chain reaction	聚合酶链式反应
DAPI	4‐6‐diamidino‐2‐phenylindole	4，6-二脒基-2-苯基吲哚
AFLP	Amplified fragment length polymorphism	扩增片段长度多态性
PVP	Polyvinylpyrrolidone	聚乙烯吡咯烷酮
PAGE	Polyacrylamide gel electrophoresis	聚丙烯酰胺凝胶电泳
2‐DE	Two‐dimensional gel electrophoresis	双向凝胶电泳
POD	Peroxidase	过氧化物酶
PPO	Polyphenol Oxidase	多酚氧化酶
EST	Esterase	酯酶
PAL	Phenylalanine Ammonia-Lyase	苯丙氨酸解氨酶
IAAO	Indoleacetic Acid Oxidase	吲哚乙酸氧化酶
RNase	RNA enyme	核糖核酸酶

PMF	Peptide Mass Fingerprinting	肽质量指纹图谱
dNTP	Deoxynucleotide Triphosphates	脱氧核苷三磷酸
pI	Isoelectric point	等电点
IPG	Immobilized pH gradients	固相化 pH 梯度
Taq	Thermus aquaticus DNA polymerase	栖热水生菌 DNA 聚合酶
PMF	Peptide Mass Fingerprinting	肽质量指纹图谱
Ox	Oxytetracycline	盐酸-土霉素
Tc	Tetracycline	盐酸-四环素
Rox	Roxithromycin	罗红霉素
MS	Murashige and Skoog stock	MS 培养基

后　记

　　自从 20 世纪 40 年代人们发现并报道枣疯病以来，已经走过了 60 多个年头。在这半个多世纪里，枣疯病研究取得了重大进展。不仅枣疯病的病原及其传播途径已被弄清，枣疯病的病害生理、抗病品种选育及防治技术等研究也都取得了重大突破或进展，枣疯病已成为可防可控的病害。但是，需要进一步研究的问题还有很多，比如枣疯病病原——植原体的分离纯化和人工培养、抗枣疯病基因的发掘与利用、新一代绿色高效治疗药物的筛选与研制以及枣疯病病原的变异与致病的分子机理等问题。这些问题的解决无疑对更好地治理枣疯病以及其他植原体病害意义重大，需要更多的科研人员付出更大的努力。另一方面，枣疯病在生产上的危害仍然非常严重，有些枣区甚至是日趋严重。枣疯病治理新技术的推广普及是一个更大的系统工程，任重而道远，需要政府部门、科技人员、企业与枣农的良性互动，需要推广机制和手段的不断创新。

　　希望再一个 60 年过后，枣疯病将不再是问题。

图书在版编目（CIP）数据

枣疯病/刘孟军，赵锦，周俊义著．—北京：中国农业
出版社，2009.8
ISBN 978-7-109-14010-3

Ⅰ．枣…　Ⅱ．①刘…②赵…③周…　Ⅲ．枣疯病—研究
Ⅳ．S432.4

中国版本图书馆 CIP 数据核字（2009）第 113098 号

中国农业出版社出版
（北京市朝阳区农展馆北路 2 号）
（邮政编码 100125）
责任编辑　张　利

中国农业出版社印刷厂印刷　　新华书店北京发行所发行
2010 年 1 月第 1 版　　2010 年 1 月北京第 1 次印刷

开本：720mm×1000mm　1/16　印张：12.5
字数：190 千字　印数：1～2 000 册
定价：100.00 元
（凡本版图书出现印刷、装订错误，请向出版社发行部调换）